影响世界的56种
上乘思维

戴维斯 ◎ 著

中国华侨出版社
·北京·

图书在版编目（CIP）数据

影响世界的 56 种上乘思维 / 戴维斯著. — 北京：
中国华侨出版社，2020.6

ISBN 978-7-5113-8199-6

Ⅰ.①影… Ⅱ.①戴… Ⅲ.①思维形式 Ⅳ.①B804

中国版本图书馆 CIP 数据核字（2020）第 073148 号

● **影响世界的 56 种上乘思维**

著　者 / 戴维斯
责任编辑 / 黄　威
责任校对 / 孙　丽
封面设计 / 环球设计
经　销 / 新华书店
开　本 / 670 毫米×960 毫米 1/16　印张 /18　字数 /233 千字
印　刷 / 香河利华文化发展有限公司
版　次 / 2020 年 8 月第 1 版　2020 年 8 月第 1 次印刷
书　号 / ISBN 978-7-5113-8199-6
定　价 / 49.80 元

中国华侨出版社　北京市朝阳区西坝河东里 77 号楼底商 5 号　邮编：100028
法律顾问：陈鹰律师事务所　　　　编辑部：(010) 64443056　　64443979
发行部：(010) 64443051　　　　　传　真：(010) 64439708
网　址：www.oveaschin.com　　E-mail：oveaschin@sina.com

前言

大科学家爱因斯坦说过，人们解决世界的问题，靠的是大脑思维和智慧。的确，在现代社会，决定一个人命运或层次高低的，并不是体力、智力，而是思维力。思维并不是天生的，而是通过学习和训练可以掌握的思维工具。所掌握思维工具的数量多少、层次高低及效用如何，决定了你是否能成为人生赢家。

马云说："未来的个人竞争，拼的不再是学历、资历，甚至是努力程度，而是思维。"的确，思维是改变一个人，乃至一个社会的巨大力量：微软用一个理念改变了世界的信息结构；阿里巴巴用一个信息理念，改变了旧的经济结构；苹果用一个理念，改变了人的通信结构……可以说，谁有强大的思维力，谁就掌握了未来社会变更过程的主动权。

其实，人与人之间最根本的差别就在于思维的差异。作为处于信息化社会中的我们，要想自己在未来社会中具有强有力的竞争力，就要具备强大的思维力。

在纷繁复杂的世界中，我们如何才能富有智慧地操控好人生这盘大棋？如何才能更科学、更明智地解决日常生活和工作中的各种难题？如何才能拥有大的格局，以在关键时刻做出精妙的战略选择？如何才能应对生活中林林总总的人际、沟通、竞争等复杂难题？如何才能为处于困境中的自己找到更好的出路？如何让我们的大脑有足够的武器来应对复杂的世界变化？……归根到底，大脑最好的武器，莫过于上乘的思维方式。普通、传统、僵化、固有的思维逻辑链条显得简单、短小，看问题的视角过于局限，处理复杂信息的效率极为低下，并且无法从宏观层面上认知事物。而上乘思维则是一套完善的体系，它主要汲取了世界各地的思维精华，能让我们洞悉世情，看穿人生中林林总总的各种现象，更好地指导自己的人生选择和生活。这些思维精华，能让你快速切换思考问题的视角，探索问题的根本原因及长远发展，有效应对信息流繁杂、事务琐碎的挑战，同时，也能让你站在更高层面，以系统、宏观的视角认知和解决问题。这些思维精华，大都经过了大量的生活、职场、社交场、商场的实践，被证实是解决问题、提升格局的利器。

　　本书详细介绍了世界上各种上乘的思维方法，并辅以经典案例进行深度的解析，中间穿插了大量生动鲜活的生活实例，深入浅出地阐述了其在现实生活中的广泛应用，可以使你在增长知识、丰富见闻的同时，更加清晰地厘清人生的脉络。掌握这些经典定律，有助于你运用全新的角度和更开阔的视野看待发生在自己身上的各种事件，足以令你受益终生。

目 录

第一章

· · ·

决策：做正确的事，把事情做正确

有效的管理者都知道，一项决策不是从搜集事实开始的，而是先有自己的见解。

——德鲁克（美国管理学家）

事前反复研究，慎之又慎；一旦做出决策，必须坚决执行，不容含糊。

——张瑞敏（海尔集团 CEO)

韦特莱法则：欲想脱颖而出，先有超人思维

法则精义： 韦特莱法则，是由美国管理学家韦特莱提出的，指那些成功者所从事的工作，是绝大多数的人不愿意去做的。也就是说，一个人要成就一番事业，先要有超人的思维，越是去做别人不愿意做的事情，你获得的机会也就越多，很容易达到事半功倍的效果。

应用要诀： 欲有超人之举，必先有超人的思维，即用行动去践行别人不愿意做的事。这里面包含三层意思：一是主动去发现和踏入他人不愿意涉足的领域，二是去主动承担别人不愿意或不敢承担的责任，三是将别人不屑于或懒得去关注的小事、琐事、繁杂的事情做到尽善尽美。

大胆去做别人不愿意做的事情

每个人，尤其是年轻人，都渴望成功，但是在真正面对现实时，许多人又表现得无所适从。慢慢地，他们会觉得成功是不同凡响者所能办到的事，自己是没有什么指望了。因为有很多人都这样想，便注定了成功只是一小部分人才能达到！实际上，现实生活中的大多成功者遵循了韦特莱法则，即主动去做了别人不愿意去做的事，而且全身心地投入。所以，成就大事需要的是超人的思维，用独到的眼光去发现哪些别人不愿意涉足的领域或别人不愿意干的事，再全身心地投入和付出。比如，下岗女职工开粥店，不仅起早摸黑，

而且专注于如何将粥做得更好，进而拥有了遍布全国的连锁店；再比如，刚刚毕业的大学生从收购废品做起，不怕辛劳，后来创办了大型的废品收购公司；名校毕业生放下身段去卖猪肉，进而成就了自己的商业帝国……阿里巴巴的创始人马云也曾经不无感慨地说："当今世界上，要做我做得到而别人做不到的事，或者我做得比别人好的事情，我觉得太难了。因为技术已经很透明了，你做得到，别人也不难做到。但是现在选择别人不愿意做、别人看不起的事，我觉得还是有戏的，这是我这么多年来的一个经验。"那些各大领域的领军人物，未必有高文凭，也未必有光鲜的履历，能力可能不是最强的，智商也不是最高的，他们能达到别人难以企及的高度，成就一番事业，其中一个非常重要的原因，就是他们能把别人不愿意做的事情做好。做好别人不屑一顾的事情，干好别人望而却步的工作，即便是在最没有前途的岗位上也会闪光的，因为能做到这点的人本身就是凤毛麟角的。

艾伦·纽哈斯的祖父是南达科他州的一个农场主，9岁那年，他在祖父的农场里得到了第一份工作——徒手捡牛粪饼。这份工作又脏又累，大多数孩子不肯做，艾伦·纽哈斯却干得热火朝天，每天都做得格外认真。

过了一段时间，祖母到学校接他，很开心地告诉他由于他在上一份工作中表现出色，祖父决定把更重要的工作交给他做，以后他再也不用捡脏乎乎的牛粪饼了，可以到农场带着马匹放牧了。听到这个消息，艾伦·纽哈斯感到喜出望外，放牧的确比捡牛粪饼有趣多了，也轻松多了，想起暑假自己将跟一望无际的草原和漂亮的马儿为伴，他开心极了。这是第一次由于工作表现好而获得提升，这意味着他的努力得到了认可，这次的经历对他来讲意义重大。

后来艾伦·纽哈斯又在肉铺工作，每个星期的报酬仅为 1 美元，这份工作比徒手捡牛粪好不了多少，依旧让人感到十分恶心。然而艾伦·纽哈斯并没有因此放弃这份工作，他的想法很简单，只要把工作做得足够好，就一定能得到提升的机会，到时候他就可以远离这份工作了。接下来的日子里，他依旧坚持做这份工作，没过多久果然得到了晋升。凭借着同样的信念，他一路晋升，先是成为周薪为 50 美元的记者，最后成为著名的专栏作家和年薪高达 150 万美元的首席执行官。

回顾过往经历时，艾伦·纽哈斯十分感慨地说："如果你从事的是一项让你恶心的工作，只要认真做下去，尽量把它干好，就很有希望得到提升，以后就再也不用去做自己不喜欢的事了，这比什么都不肯干、混日子强多了。"

很多人认为出名要趁早，成功要趁早，晚一步就成为被后浪推向沙滩的前浪。可是在现实生活中，真正能少年得志的人是很少的，鲜有人能一步达到光辉的顶点，想要马上就能获得理想的工作，在最短的时间内实现自己的人生理想几乎是不可能的。你只有今天愿意低下头来做别人不愿意做的事，明天才能有更多的选择，未来才有可能做成别人做不到的事。

要想做出惊人之举，必须先有踏实肯干的态度，人人都趋之若鹜竞相争抢的东西，我们未必能争取到，但是别人不理会的东西倒有可能转化为可供我们利用的资源。当你年轻气盛时，最好不要好高骛远、眼高手低，与其立志要摘下满天繁星，不如在斑斓星辉下踏踏实实赶路。

你的前途在哪里？承担了责任，你就抓住了机会

韦特莱法则告诫人们：做别人不愿意做的事，便能获得成功。而这一法则在职场中的应用就是：主动去承担别人逃避的责任或去担起别人担不起的责任，你便能得到机会。换句话说，你的前途就隐藏在"主动承担责任"的背后。

在职场中，你可以没有能力，但一定不能没有责任心。如果说，机灵和踏实像金子一样珍贵的话，那还有一样东西更为珍贵，那便是责任心。一位伟人说过，人生所有履历都必须排在勇于负责的精神之后。很多时候，职场的机会就存在于责任中。也就是说，如果你缺乏责任心，就等于丧失了机会。

万塞尼和本杰明都是一家快递公司的快递员，他俩是工作搭档，工作一直很认真，也很尽心尽力，老板对这两名员工很是满意，然而后来发生的一件事情改变了两人的命运。

一次，万塞尼和本杰明负责把一件极重的玻璃饰品送到码头，老板一再叮嘱他们路上要小心，没想到送货车开到半路却抛锚了。如果不按规定时间送到，他们要被扣掉半个月的奖金。于是，万塞尼和本杰明两人抬着那件饰品，一路小跑，终于在规定时间赶到了码头。

这时，万塞尼说："我来背吧，你去叫货主。"他心中暗想："如果客户看到我背着邮件，把这件事情告诉老板，说不定老板会给我加薪呢。"他只顾打着自己的小算盘，当本杰明把邮包递给他时，他一下没接住，邮包掉在地上，"哗啦"一声，饰品碎了。"你怎么搞的，我没接你就放手。"万塞尼喊道，"你明明伸出手了，我递给你，

你却没接住啊。"本杰明解释道。

他们都知道这件极为昂贵的饰品被打碎意味着什么，没了工作不说，可能还要加倍赔偿，自己会因此背上沉重的债务。果然，老板对他俩进行了十分严厉的批评。

"老板，不是我的错，是本杰明不小心摔碎的。"万塞尼趁本杰明不注意，偷偷跑到老板办公室对老板说。老板听了，平静地说："谢谢你，万塞尼，我知道了。"老板把本杰明叫到了办公室。本杰明把事情的经过告诉了老板，最后说："这件事情是我的错，我愿意承担错误。另外，万塞尼的家境不好，他的责任我也愿意承担。我一定会弥补我们所造成的损失。"万塞尼和本杰明一直等待着处理结果。

第二天，老板就把他们叫到了办公室，对他们说："公司一直对你俩很器重，想从你们两个人中选择一个担任客户经理，没想到出了这样一件事。不过也好，这会让我们更清楚哪一个是合适的人选。我们决定请本杰明担任公司的客户部经理。因为，一个能勇于承担责任的人是最值得信任的。万塞尼，从明天开始你不用来上班了。""老板，为什么？"万塞尼不解地问。"其实，饰品的主人已经看到了你俩在递物品时的动作，他跟我说了他看见的情况，还有，我看见了问题出现后你们两人的反应。"老板最后这样说道。

职场中，一个老板可以容忍一个无能力的职员，但绝对无法容忍一个不负责任的员工。一位社会学家说，如果你放弃了责任，就意味着你放弃了自身在这个社会中更好地生存的机会。同样地，如果你放弃了自己对工作的责任，也就意味着你放弃了单位里更好发展的机会。一个缺乏责任心的人，任何工作都难做好，也永远难以获得成功。因此，当你觉得自己缺乏机会，或者职业道路不顺时，不要一味地悲观抱怨，而是应该问问自己是否承担了工作中该承担的责任。

何为责任？一位写代码的职员一连工作十几年，对工作从来都是细致、认真，从来没有出过任何错误，这就是责任；日本首相麻生太郎内阁野田圣子年轻时做过洗马桶的工作，为了证明马桶的清洁度，曾毫不犹豫地捧起马桶里的水一饮而尽，这便是责任；一位在主人家待了十几年的保姆，她第一次向主人请假一周，主人回到家后发现她给厨房的垃圾桶认真地套上了七层垃圾袋，这就责任；一位珠宝店的销售人员始终如一热情地对待顾客，哪怕对面来的是一位衣衫褴褛的大妈，他也会热情地示以微笑，仔细地给她介绍产品，这就是责任……正直的责任是全身心地投入自己的工作，专注于自己的职责领域，无论这工作是写代码还是扫大街。不为任何人，做好自己就是最大的理由，不苟且、不应付、不推诿，把自己正在做的事情当作与世界呼吸吐纳的接口。这就是责任的出处！

将事做细、做精、做透，做到"不可替代"

韦特莱法则告诉我们：做别人不愿意做到的事，便可以获得成功。但很多人会说，在当今的社会中，所有的领域都已经被人挖掘殆尽了，我到哪里去寻找机会呢？的确，这是事实，而且在我们所能挖掘到的领域中，其技术或管理已经相当成熟了，那我们又该如何找到出路呢？对此，我们就要在"专注"上下功夫，即将你涉足的领域或事情做细、做精、做透，做到"不可替代"。

仔细想想，很多圣人之所以成为圣人，是因为他们能够时刻专注于身边的"小事"，能时刻将这种小事做到极致，做到专业水平，他也就成功了。他们不会急功近利，不着眼于追求远大的理想，只是循序渐进，一步一个脚印，将每一件小事做到无可挑剔的完美状态。

"专注"造就的是"专业"，进而带来的则是一种永远无法被复制的"专利"。这是一个公司或企业经久不衰的保证，更是一个人成为一流人才的途径。

在日本有一家只有45个人的小公司，全世界有很多科技水平非常发达的国家都会向这家小公司订购小小的螺母。这家公司叫哈德洛克工业株式会社，他们生产的螺母号称"永不松动"。依常理大家都知道，无论在任何领域，螺母松动是一件极为平常的事情，可对于一些重大的项目，螺母是否松动几乎关系着人的生命安全。比如像高速行驶的列车，长期与铁轨摩擦，造成的震动非常大，一般的螺母经受不住，很容易松动脱落，那么满载乘客的列车没准儿会有解体的危险。

日本的哈德洛克工业株式会社创始人若林克彦，当年还只是公司小职员时，在大阪举行的国际工业产品展会上，看到一种防回旋的螺母，他作为样品，带一些回去进行研究，发现这种螺母是用不锈钢钢丝做卡子来防止松动的，结构复杂，价格又高，还不能保证绝不会松动。

到底该怎样才能做出永远不会松动的螺母呢？小小的螺母让若林克彦彻夜难眠。他突然在脑中想到了在螺母上增加榫头的办法。想到就干，结果非常成功，他终于做出了永不松动的螺母。

哈德洛克螺母永不松动，结构却比市面上其他同类螺母复杂得多，成本也高，销售价格更是比其他螺母高了百分之三十，自然，他的螺母不被客户认可。可若林克彦认死理，决不放弃。在公司没有销售额的时候，他兼职去做其他工作来维持公司的运转。

在若林克彦苦苦坚持的时候，日本也有许多铁路公司在苦苦寻觅。若林克彦的哈德洛克螺母获得了一家铁路公司的认可，两家公司由此展开合作，随后，包括日本最大的铁路公司JR在内的更多的铁路公司最终都采用了哈德洛克螺母，并且全面用于日本铁路新干线。走到这一步，若林克彦花了二十年。

如今，哈德洛克螺母不仅在日本，甚至已经在全世界得到广泛应用。迄今为止，哈德洛克螺母已被澳大利亚、英国、波兰、中国、韩国的铁路所采用。

哈德洛克的网页上有非常自信的一句提示语："本公司常年积累的独特的技术和诀窍，对不同的尺寸和材质有不同的对应偏心量，这是哈德洛克螺母无法被模仿的关键所在。"这就是明确地告诉模仿者，小小的螺母很不起眼，而且物理结构很容易解剖，但即使把图纸给你，它的加工技术和各种参数配合也并不是一般工人能实现的，只有真正的专家级的工匠才能做到。

这种"永远无法复制"的产业的"专业"性，是社会走向繁荣的重要支撑，也是一个人通往卓越人生的必要途径。这种钉子般的"钻"的精神，更是一种厚重的民族精神的沉淀精华。

托利得定理：检验一个人智力是否上乘的标准

法则精义：彼得·德鲁克曾说过，为了在动荡不安的世界上求得生存，就必须做出精明的决策。可见，决策关乎一个人的成长发展乃至生存。那么，如何才能使我们的决策明智呢？对此，法国著名社会心理学家 H. M. 托利得就曾提出：检测一个人智力是否上乘，只看他脑子里是否同时能容纳两种相反的思想而无碍于其处世行事。这就是著名的"托利得定理"。

应用要诀："托利得定理"告诉我们，一个真正的智者应该容纳两种相反的思想，即能够听进去不同的意见，或者说在听到不同的意见时不暴跳如雷、恼羞成怒。能把反对意见认真地听完，并且加以分析，说明你已经将问题的两个方面都考虑到了，能够充分地加以分析，通过对比利弊得失，便会对决策起到极为积极的作用。

这个定理实际上告诫我们，思可相反，得须相成。一个明智的决策和富含智慧的思维都是多层次、多角度看问题的结果。主观的判断和客观的评论必须是相辅相成的，就像你的大脑中同时装着控方律师与辩方律师一样。

要突破智力瓶颈，先要有容人之量

H. M. 托利得是站在思维的角度看智力，捕捉到大众心理的普遍缺陷——缺少逆向思维和双向思维，而这种缺陷恰恰是造成许多人智力低下的成因，他们只知道站在自己的立场上想当然，难以跳出个人的狭隘世界，站到别人的角度去看问题。因此，永远难以突破智力的瓶颈，这种片面思维恰恰是导致他们失败的根源。

杰瑞斯凭着极为专业的财务知识技能，顺利地在纽约一家公司谋得一份不错的差事。他看起来不仅精明干练，而且富有责任心，公司某些高层领导已经将他列为公司未来的合伙人进行培养。但杰瑞斯有个致命的弱点：自恃清高，做事鲁莽、冲动，没有容人之量，不太能听进去与自己相反的观点。

一次，杰瑞斯发现了公司在财务管理方面的一些漏洞，于是出于对工作负责的态度，他向上司提交了好几份报告来陈述自己的观点。但是上司依然是我行我素，对杰瑞斯的观点置若罔闻。杰瑞斯便有点愤怒了，觉得自己一心一意为公司着想，上司竟然是这个态度，让他很是难受。他想等有机会非当面和上司理论理论不可。这天公司召开的全体会议上，杰瑞斯终于找到了机会，他在会上主动要求陈述自己的观点。

当杰瑞斯在大会上口若悬河地讲完多日来想说而没有机会说的话时，他万万未曾想到上司的表现还是很淡漠。杰瑞斯一时激动，便毫不客气地说道："我觉得我们公司的领导管理水平还有欠缺！不能让公司发展的领导不是好领导……"听到这样的话，上司的脸涨得通红，沉默了一会儿，十分平静地说道："杰瑞斯一心为公司发展着想，极为难得，这正是我们公司需要的人才，希望大家向他学习。至于杰瑞斯提出的意见，会后再做商论。"

杰瑞斯一听感觉上司明明是在搪塞自己，又气又急，一掉头便又离开了会场。事后，他并没有反思自己鲁莽的行为，而是越想越气，于是便毅然向公司递出了辞呈以作为对那位领导的报复。他本想自己工作能力强，公司领导一定会对他百般挽留，并以此让那位漠视自己的领导屈服，重视自己的观点。但他万万没有想到的是，他的辞呈递上去没几天，便顺利地被批准。就这样，杰瑞斯便失去了一份极有前途的工作。事后的他，也是悔恨不已，自己各方面能力都不错，就是个性上的偏执和固执，使他的才华被埋没掉了。

事实上，现实中许多人都有着与杰瑞斯相似的人生经历，他们才华横溢、满腹才学，却总是在职场或社会中屡屡受挫，主要是缺乏容人之量，无法容忍与自己相反的观点，缺乏反向思维与逆向思维。

实际上，托利得定理告诉我们，具备同时考虑两件以上事情的能力的人，其实就是高智商的人。现实生活中，多数人是智力普通的人，但我们可以塑造自己的行为，多听一些反对的意见，多参照一些不同的观点，这样就能更全面地做出决定，避免鲁莽、一意孤行，用正确的决策去解决问题。

一个人能同时容纳两种相反的思想而无碍于其处事行事，这是一种思维境界与智力上的成熟。齐桓公重用"仇人"管仲，成为一代霸主；汉高祖刘邦本是个泼皮无赖，但因有容人之量，可以集众人智慧，建立大汉江山；唐太宗李世民本身智力水平也不见得有多高，却因有虚怀若谷的胸怀，虚心纳谏、从善如流，最终成就了贞观盛世之伟业……一个人只有以"开放"的胸怀去接纳他人的建议，同时又不失个人的主见，才更容易做出明智的决策，才能使自己的人生少走弯路。

多数的坏情绪是智慧不够的产物

托利得定理在人际交往方面也有着极为广泛的应用，即当一个人无法容纳别人的思想、建议或行为时，就很容易滋生坏情绪，比如愤怒、生气、妒忌等。也就是说，生活中诸多的坏情绪是一个人智力不够的产物。生活中，我们会因为别人的嘲笑、挖苦而怒火中烧，想去报复对方；工作中，我们会因为上司不经意的一句批评而情绪低落；现实中，我们可能会因为别人的高调炫耀而心生忌妒……这些负面情绪，看似是别人的不对，实际上是我们自身的修身和智力不够的缘故。

有这样一则笑话：

星期天，张波与一伙朋友闲聊时谈及一位朋友："那个家伙什么都好，就是有个毛病，脾气太过暴躁，爱生气。"谁知，被说的那个人刚好路过，听到了这句话，马上怒火中烧，立即冲进屋中，捉住张波，拳打脚踢，一顿暴打。

众人赶忙上前劝架说道："有什么话，好好说，为何非要动手打人呢？"而对方则怒气冲冲地说道："此人在背后说我坏话，还冤枉我脾气暴躁，爱生气，所以就该打！"众人听罢，便说道："人家没有冤枉你啊，看你现在的样子，不是脾气暴躁是什么呢？"对方立即哑口无言，灰溜溜地走开了。

这个故事说明，因为人际摩擦而产生的坏情绪，多是因为无法容忍他人的思想、观念或行为而产生的，是一种智力不够的产物。一个富有智慧的人，其内在思想是丰盈的，他的心态和胸怀是开放的，所以能容纳他人各种各样的思想、行为和话语，同时，他对这个世界、对社会和对人生都有一套较为完整的看法，所以，无论遇到何人何事都会保持淡定从容。同时，他们无论在任何情况下，都会及时转换心态，获得快乐。

在一条菜市街上，一位卖果蔬的老妇人，做人很是厚道，对客人也极为热心，无论面对怎样刁难的顾客，她都能和颜悦色地对待。另外，她的果蔬不仅新鲜，价格也极为公道，所以，生意总是特别好。这让与她相邻的几家小商贩很是不满。为了出气，他们每天在扫地的时候，总会有意地将垃圾扫到她的店门口。对此，这位老女人看在眼里，却未与他们计较，每次还会把垃圾扫到角落里堆起来，然后又将店门清扫得干干净净。

后来，有一位热心的人忍不住问她说："周围所有人都将垃圾扫到你家大门口，你为什么一点脾气都没有呢？"老女人笑道："在我们家乡有个习俗，过年的时候大家都会把垃圾往家里扫，因为垃圾就代表财富，垃圾越多，就代表来年你赚的钱也越多。现在每天都会有人把垃圾扫到我这里，代表我的财运不错，我感谢他们还来不及呢，怎么会发脾气呢？"

就这样，老妇人每天都会在清扫垃圾的过程中，将有用的收起来，变废为宝，为自己带来了一笔额外的收入。

面对他人的故意挑衅，很多人都会大动干戈，怒火中烧。而这位老妇人却能及时地运用双向思维，欣然接纳，并将垃圾变废为宝，既化解了与周围人的矛盾，又为自己赢得了一笔财富，这难道不是智力上乘的表现吗？一个平和之人，有厚实的知识底蕴作支撑，其内在是开放的，他能容纳下周围人对他的冒犯，更能容纳下他人的误解和世俗对他的评价……总之，对周围的一切都能积极地悦纳和理解，为此，他们不会色厉内荏，外强中干，不会对人发泄负面情绪。

一个智力上乘者，内心一定是强大的，其有开放的意识与开放的心态，对于任何不同的声音，他都能够认真听进去，然后能用自己的逻辑、常识、常理、直觉、经验以及科学的方法去检验，所以他们对于他人冒犯性的行为和话语不会轻易发怒，而是会理智且和谐地解决与他人的冲突和矛盾，这样的人才是真正的大智慧者！

福克兰定律：当你不知所措时，最好的行动就是不行动

法则精义： 福克兰定律，是由法国管理学家 D. L. 福克兰提出，内容即指当没有必要做出决定时，就有必要不做决定。也就是说，当你不知如何行动时，最好的行动就是不采取任何行动。

应用要诀： 福克兰定律从一个侧面告诉我们，什么样的选择就决定什么样的生活。对于个人而言，当你感到迷茫、不知所措或者不知道怎么办时，最好的行动就是不采取任何行动。

对一个组织而言，当你在面临大量的市场机会时，在没彻底搞清楚这种"机会"中所隐含的"陷阱"或"危险"因素时，最好的决策就是选择保持现状，而不是冒失进取。同时，组织的决策层也要主动去接触最新的信息或消息，以了解最新的行业趋势，从而为组织创造更好的未来。

先"定"下来，才能生出智慧

大仲马说过，人类的一切智慧都包含在两个词语里："等待"和"希望"。那什么时候该"行动"，什么时候应"等待"，考验的是一个人的智慧。福克兰定律告诉我们，当你不知道该如何行动时，最好的策略就是不行动。也就是说，当你拿不准自己究竟该怎么办的时候，那就什么也不要做。这与中国《礼记·大学》中所说的"静虑"有异曲同工之处，原话为："定而后能静，静而后能安，安而后能虑，虑而后能得。"同时与佛家所讲的"定能生慧"，"因定发慧"的说法也是一个道理。这对我们的现实生活有着极广泛的智慧指导，比如此刻的你也许面临着即将来临的高考，先别着急想着自己要考哪所大学，当下最重要的事便是学好功课，查缺补漏，等到结果出来的那一天，再根据现实情况做打算；比如当你在迷茫、不知道该干什么的时候，最好不要去随意跳槽、换工作，而要先让自己静下心来，想想自己的兴趣点究竟在哪里，并结合个人的特长，再做长远的规划；当你和爱人无论是处于热恋期还是矛盾期，都不要急于去做决定，而是要定下来对两人关系做冷静的判断……总之，福克兰定律对于个体而言，只有有效的决策才算得上决策，在没看准时机之前，不做出决策才是上上之选。

吉姆·罗杰斯是世界是最著名的投资大师之一，他也是著名的金融家、股市常胜将军。每当人们提及他，便会将他与财富联系在一起，因为他拥有富可敌国的财富，而且他的财富多是通过精准的投资带来的。

除了投资，罗杰斯最大的爱好就是骑摩托车或开汽车周游世界。

一天，他来到了纳米比亚，无意中看中了一颗漂亮的钻石，想买下来做投资用。这颗钻石价格当然不菲，店主说要 7 万美元才可。于是，他便凭着投资家的精明一再砍价，最终仅以 3.5 万美元成交。当他回到家欢喜地将钻石拿出来，并告诉妻子他的投资计划时，妻子则只看了一眼，便说道："你上当了，这是假的。"吉姆·罗杰斯根本不相信。而当他再次来到纳米比亚时，将这颗钻石拿给一个钻石商人看，钻石商人看后也大笑一番，说道："这哪里是钻石，而只是玻璃球。"没想到，一个赫赫有名的投资大师，竟然在一颗钻石上栽了个小小的跟头。

罗杰斯固然聪明，也很精明，但是于钻石他只是外行，他虽然看中了那颗钻石，但在不确定的情况下，便贸然出手，却让自己损失了 3.5 万美元。

这件事情对罗杰斯触动极大，他在给自己的两个女儿的信中这样写道：你在不懂的行业中做投资，你将永远无法成功。假如你对自己不了解的东西盲目下注，这不叫投资，而是赌博……

在自己不擅长的领域中盲目下注，在自己不知所措的时候行动，都是一种"赌徒"行为。一个智者，对自身的能力有充分的估计，并懂得耐心地等待时机，该出手时方才出手。

要知道，我们明天过什么样的生活，很多时候取决于我们今天所做出的选择。若处于混乱不堪的状态中，最好的决策就是多去剖析自我，并了解最新的信息与行业趋势，从而在"静"中做出理性的判断，从而更好地创造自己的未来。

没有准备好降落伞就不要跳离飞机

福克兰定律不仅适用于个人，而且对一个组织的决策者有着极为重要的指导作用。它告诫决策者，如果没有准确的预见，遇事又手忙脚乱，就很有可能做出错误的决定。为了提升决策的正确率，在各方面不确定的因素下，最好的决策就是"静待时机"。很多时候，适宜的等待不是耽搁时间，反而是一种正确的选择。没有准备好降落伞就不要跳离飞机，这是飞行员的座右铭。显然，它所阐述的道理与福克兰定律也是一致的。

1973 年，一场经济危机席卷全球，作为国际性的大都市，香港自然是躲不过。当时全香港各大商场因消费低迷纷纷减少进货，香港的领带也出现了严重的滞销。为了处理积压的产品，诸多的领带生产企业纷纷降价，以图回收成本，苦熬严冬。当时，曾宪梓所创办的金利来公司才刚刚在市场上站住脚。

面对金融大风暴，大家都说，曾宪梓需要做出决策了。但是，他则这样反问自己：此时真的需要做决策吗？不做决策不行吗？事实上，当时曾宪梓没有做决策，没有盲目追随潮流，也没有降低价格，而是按部就班静观其变。这样一来，人们都认为，那些降价的厂家生产的领带、质量都不可靠，而金利来的产品则因"铁价不二"被人奉为名牌与身份的象征。

试想一下，如果曾宪梓跟风降价，其产品必定被人看低，那也就没有后来的声誉，更别说后来的成功了。

当没必要做决策时，就不要盲目做决策，其另一面就是说在拿不定主意，不知前方是机会还是陷阱的时候，就不要做决策，不然的话就会错失良机, 甚至会被市场所淘汰。曾宪梓在保持原价的时候, 一直在观察市场的变化。

通过观察, 他发现商场上因为进货减少, 不少柜台都处于空闲状态, 于是他便廉价将这些柜台租下来, 并且还派人设立"金利来"领带专柜。由于当时各家压缩生产, 领带的花色品种极为有限。而曾宪梓则乘机增加品种, 提高质量, 但价格分毫不减, 树立了领带的高端形象, 并扩大了市场份额, 一举从众多厂家中脱颖而出。在当时的情况下, 曾宪梓的决策着实令人敬服, 也完全符合福克兰定律的要求。

对于一个组织来说, 决策者一次决策性的失误, 便有可能置组织于万劫不复之地。所以, 在分辨不清前面究竟是"机会"还是"陷阱"的时候, 不行动, 便是最好的决策。随后, 待冷静下来, 便可以对面前的"机会"进行筛选, 去掉不符合条件的选择。同时, 为了提升决策的正确率, 决策者要广开言路, 围绕决策内容寻找各种可能的解决方案, 选择最优方案并随时完善, 才能使组织步入良性循环的境地。

波克定理: 有争论方有高论, 无磨擦便无磨合

法则精义: 波克定理, 即指只有在争辩中, 才有可能诞生最好的主意与最好的决定或决策。它是由美国一家大型公司的总经理詹姆士·波克提出的。

应用要诀: 波克定理告诉我们: 真理越辩越明。所有好的决策或主意, 只有在争辩出才能获得。这对于个人, 尤其是对组织的决策者都有极好的指导意义。也就是说, 一个好的决策的诞生一定是建立在广开言路、群策群力的基础上的。

好的决策都是在争辩中诞生的

中国自古倡导"争论出真知，争论少失误"的文化理念，而这也是波克定理所阐明的道理。它告诫我们，无论在什么时候，做决策时，要多多地听取他人的意见或建议，以确保决策更为公正和客观。比如，一个团队是由一个个的成员组成的，每个人的历练与阅历都不尽相同。当团队中出现不同意见或者有不同的方案时，来一场实实在在的"争论"，给团队成员带来一场头脑风暴的思想洗礼，是一件极有意义的事情。所以，如果你是一个组织的决策者，一定要在企业内部创建"争论文化"，以使组织向更好的方向发展。

广东一家做电灯泡的私营企业，原本是在一家郊区的破旧的厂房里发展起来的。该企业创办初期，加上老板仅有十几名员工和一台破旧的生产线。而其在短短的 12 年中，该企业则已拥有总资产 10 亿元、员工 6000 多人、分公司 40 多家，涉及毛纺织、铝业、电力、旅游、教育等十几种产业，是当地有名的大企业。

企业创办者曾将该企业的成功归功于两大法宝：一是批评，二是争论。企业的几位负责人，每天早晨都会到办公室开会，汇报工作不准表扬自己，更不准赞扬老板，只能讲问题、讲办法，领导深度概括也是只批评、不表扬。该企业老板有两句名言："一边跑一边喊的人跑不快。""不该你得的荣誉你得了，很危险。"不可否认，该企业内部的争论，也确保了企业内部能做出更好的决策来。凡是重大的问题，领导层必须集体决策，尤其是涉及项目、投资等发展大计，领导和员工往往都会争得面红耳赤，用他们的话来说，都是"吵"出来的，不"吵"透了不罢休。这也避免了该企业在重大决策上的失误，从而渡过了一个又一个难关，并且迈向了一个又一个辉煌。

在一个组织中，如若每个人都能发表建议或意见，并为之讨论时，那个这个团队便会变得更为团结和健康。如果不愿意听取团队成员的意见，独断专行，那么要实现团队的目标则会显得极为困难。但是这种"辩论"并不是让每个成员肆无忌惮地乱开腔，而是要学会正确地提出观点并且积极参与讨论，这才是保证决策更高明的关键。

波克定理强调发挥个人观点，鼓励个人积极地参与团队决策，群策群力是成功之本，但是要注意，一旦这一方法应用不当，便有可能给团队带来毁灭性的打击，所以优秀的理念还需要优秀的制度来保证它的实施。

倡导"争辩"，而不是让自由主义泛滥

波克定理强调的是发挥个人观点，使决策更趋于逻辑与合理。但是，对一个组织或企业来说，要倡导内部的"争辩"，更要强调和谐。内部的"争辩"或讨论，只有达到和谐的状态，才能让决策更为英明，对组织或企业的发展起到推动作用。也就是说，"争辩"只有在良性的环境中方能达到和谐的状态，否则，只会使自由主义泛滥，从而使组织或企业处于无序的状态之中。

苹果电脑曾经是全球电脑工业新潮流的引领者，但在 20 世纪 80 年代曾经处于崩溃的边缘。直到 1996 年 10 月至 1997 年 3 月，它共亏损 12400 万美元。直到 1997 年初，苹果宣布裁减 1300 名员工，1 月下旬则有传言说苹果公司在寻求新买主，因为买方出价太低，谈

判破裂；苹果公司于 2 月份召开紧急会议，对领导层进行了改组，力求渡过难关，继续生存。苹果电脑为何失利，曾经引起人们强烈的探讨。有人说是因为苹果公司的销售策略不对，也有人说是苹果电脑太过于精致化未能注意服务质量。而实际上，苹果公司的失利，在于其原本保持的优良的争辩文化的失调。

实际上，苹果公司原本秉承的是一种鼓励创新、勇于冒险的价值观。自白手起家，小小的苹果电脑便在技术领域内引发两次变革，迫使包括 IBM 和微软在内的每一家电脑公司都加入它引领的新潮流。苹果公司不仅是勇于创新，事实上，公司一直是我行我素，冒高风险，甚至反主潮流。公司的信条是进行自己的发明创造，不要在乎别人怎么说，一个人可以改变世界。

正是这种大无畏精神使公司能够推出令广大用户喜爱的 Macintosh 电脑，开鼠标定位器和图像表示法的风气之先，公司也一直以这种独创精神为傲。在其创办初期，公司曾在楼顶悬挂海盗旗，向世人宣称"我就是与众不同"。然而正是这种价值观造就了苹果的成功，也预示了它今日的失败。这样的企业文化强调每个人的独创性，而且是完全的我行我素。表面上看，这种文化似乎将"争辩文化"所带来的好处发挥到了极致，但在其实行中，组织内部各行其是，公司员工个个崇尚个人英雄主义，桀骜不驯，难以控制，技术人员与管理人员之间冲突频频。独创精神未成为技术发展的动力，反而加大了合作难度。公司内部决策者对事物的看法总是不能一致，无法做出一致的决策，才致使公司错失了诸多的良机。

如此一来，内部员工的士气不振，人员的流动率也大大地增加，诸多有才华的人，比如销售业务主管、财务主管、日本市场经理，都因与总部意见不合而离职。这种人员流动频繁现象是"争辩文化"

没能达到统一的一个明显的信号。

从苹果公司的失利中，我们能得出一个启示：强烈而和谐的"争辩"文化对企业的发展有极大的推动作用，也就是说，一个企业内部必须有"激烈的争辩"，但是这种"争辩"到最终要达到和谐的统一，就要求决策者采纳众长，将"争辩"出来的观点进行归纳和总结，得出一个英明的决策，这才符合波克定理的指导意义。所以，对于一个组织决策者来说，一定要使团队强烈的个人价值实现的欲望不影响到整个公司的和谐运转。这里的"和谐"一是指达到内部的和谐，二是要与外部环境达成协调。这也是波克定理的精义所在。

霍布森选择效应：优化选择，打破"格局"限制

法则精义：霍布森选择效应是由英国人霍布森所提出的。其源于霍布森本人的一次从商经历：在 1631 年，身为英国剑桥商人的他主要从事马匹生意，他对自己的生意伙伴说，你们买我的马、租我的马，随你的便，价格都便宜。霍布森的马圈大大的、马匹多多的，然而马圈只有一扇小门，高头大马出不去，能出来的都是瘦马、赖马和小马，那些前来买马的人左挑右选，不是瘦的，就是赖的。霍布森只允许人们在马圈的出口处挑选。大家挑来挑去，自以为完成了满意了选择，最后的结果是人们无论怎么挑都挑不到好马。后来有人就将这种大同小异的假性选择讥讽为"霍布森选择"，霍布森选择效应由此得名。

霍布森选择效应反映的是一种思维的自我僵化，即当人们的视野难以从固有的模式中跳出来时，选择的空间就会被无限地缩小，

这种情况下做出的选择当然不可能是最好和最理想的选择。

应用要诀：霍布森选择效应实际上讲的是个人格局的问题，当一个人的视野和思维局限在一个小空间里时，做出的选择通常都不是最理想的。当你面对关键的人生选择时，一定要祛除空间化、自我化、情绪化等因素，主动拓展个人思维，扩大眼界，以长远的发展的眼光去看问题，而不是在自我局限中做出最差的选择。

对于一个组织的决策者来说，也要懂得集思广益，广开言路，打破固有的格局，激发创造力，进而做出最明智的选择。

规避"选择困局"，就要扩大你的格局

霍布森选择效应反映的是一种选择误区，很多时候，人们误以为自己做出了最满意的选择，实际上由于思维的局限性，选择的空间被无限缩小了，这种情况下做出的选择当然不可能是最好和最理想的。人们之所以会陷入这种困境，主要跟思维的"封闭性"和"趋同性"有关。由于眼界和认识的局限性，人们看不到更广阔的视野，意识不到环境系统的开放性，所以很难通过新的视角看待问题，也很难找到新的途径解决问题。这就好比选马的顾客视线被低矮的小门遮挡住，他们能看到的只有小马和瘦马，所以根本不可能租到或买到高大健壮的骏马。由于思维的"封闭性"是普遍存在的，由此就造成了思维的"趋同性"。

要知道，人的命运多是由一系列的"选择"构成的，而人的"选择"很多时由个人的思维、格局、眼界所限制。当一个人的思维僵化、格局狭小，便很容易陷入"霍布森选择效应"的困境，这时，人就无法进行创造性的学习和工作了。因为好坏优劣都是在比较中

产生的，没有选择余地就等于没有了对比，在这种情形下，人是不可能做出合理的判断的。没有选择的选择，根本就不可能称为选择，更谈不上是最优方案了。有句格言说得好："当看上去只有一条路可走时，这条路往往是错误的。"假如我们的人生失去了备选方案，那就意味着我们失去了择优的权利，在这种情况下做出的决策往往会把我们带入更大的困境。事实证明，选择比努力更重要，因为你的未来就是你今天选择的结果，所以我们一定要谨慎地对待人生中的每一次选择。

一个美国人、一个法国人和一个犹太人被关进监狱服刑，刑期均为三年，监狱长答应满足他们每人一个愿望。美国人平时最喜欢抽雪茄，于是就向监狱长要了三大箱雪茄。法国人无论在什么时候都讲究浪漫，于是要了一个美艳的女子陪伴自己。犹太人说他什么也不想要，除了一部能跟外面沟通的电话之外。

三年很快过去了，三个人该刑满出狱了。美国人第一个冲出了牢门，只见他的鼻子里和口里满是雪茄，嘴里不停地重复着一句话："给我火，快给我火！"原来他当初只要了雪茄，忘了向监狱长要打火机了。第二个走出牢房的是法国人，他已经是一位父亲了，怀里抱着一个可爱的孩子，那位美艳的女子手里也牵着一个孩子，她的腹部微微隆起，显然又怀上了一个孩子。最后出来的是犹太人，他感激地握着监狱长的手说："多亏你为我安装了一部电话，我才没有断了和外界的联系，这三年来，我的生意不但没有受到影响，利润反而翻了一倍。为了向你表达我最诚挚的谢意，我打算送给你一辆劳斯莱斯。"

这则故事告诉我们，做出什么样的选择，就会拥有什么样的生活，只有接触到最新最全的信息，我们才能与时俱进，创造美好的未来。犹太人虽然被囚禁在有限的空间里，但他的思维并没有被束缚住，因此他并没有受到霍布森选择效应的影响。而美国人和法国人均认为，既然自己已经身陷囹圄，就丧失了选择生活方式的权利了，眼下最重要的就是怎样消磨难挨的时光，所以他们分别选择了雪茄和美女，目光变得短视，未来的前景十分堪忧。人的一生中总要面临大大小小的选择，为了摆脱霍布森效应的消极影响，我们一定要学会拓展思维的"可能性空间"，在诸多具有可行性的方案中选择最优的一个，避免陷入无路可走的尴尬境地。

我们常听别人说，没有选择的选择也是一种选择，这只是一种无奈的叹息罢了。事实上，没有回旋余地的选择根本就不是选择，假如有一天我们只剩了一条路可走，不要误以为是现实把我们逼得无路可退，实际上是我们思考问题的方式把自己逼入了困境。我们必须开动脑筋，运用发散性思维思考问题，这样才能找到更好的出路。

"别无选择"会扼杀多样化思维

对于一个组织的决策者来说，要想避免走入霍布森选择效应的困局，就要在管理中实施开放的管理策略。比如，在用制度来约束属下的员工时，要确保制度的灵活性，忌用"别无选择"的标准来约束和衡量员工的行为，这样必然扼杀多样化的思维，从而扼杀员工的创造力；比如在选择贸易伙伴的时候，要主动去拓展和开发外在的客户，而不只将眼光盯着熟悉的客户……要知道，当你在做决策时，如若只有一种备选方案便无所谓择优了，没有了择优，你的决策便也失去了意义。

一个企业主在挑选部门经理时，往往仅局限于在自己的圈子里去选拔，选来选去，再怎么公平、公正和自由，也只是在小范围内进行挑选，很容易出现"霍布森选择"的局面，甚至出现"矬子里面拔将军"的惨淡境况。想要选"马"，就要当个好"伯乐"，跳出马圈的圈子，到大草原去选"马"，到全世界去选"马"，打开思维空间，扩大资源的配置半径，充分地利用国内国际两个市场、两种资源。一般地来讲，配置资源的半径越大，企业就越处于优势，反之，配置资源的半径越小，企业就往往越会处于劣势。只有放宽眼界，拓展思维，放眼世界，才能选到真正适合企业发展的"千里马"。

事实上，在现实中，多数组织的决策者都极容易陷入"霍布森选择效应"的困境，他们自以为自己做出了选择，而实际上他们的思维与选择的空间都是极为狭小的，有了这种思维的自我僵化，当然也难有创新，所以它更像一个"陷阱"，让人们在进行伪选择的过程中因自我陶醉而丧失了创新的时机与动力。要跳出这个选择"陷阱"，决策者就要深入实际，广泛地调研，充分地占有相关的信息，找出解决问题、实现目标的限制条件和起决定作用的因素。通过综合与分析，全方位地权衡利弊，区分优劣，拟制多种预选作为备选方案。并且在此基础上，选择最优或者最满意的方案作为决策的方案。

路径依赖效应：惯性是把双刃剑

法则精义：路径依赖效应即指一旦人们做出了某种选择，惯性的力量便会使这一选择不断地自我强化和锁定，让你轻易走不出来。也就是说，在我们人生中，我们一旦做出某种选择，就很难轻易地做出改变，并且随着时间的推移，人们会越发认为自己的选择是正确的，并且变得极其固执。

应用要诀："路径依赖效应"在生活中被广泛地应用于选择和习惯的各个方面。在一定程度上，人们的一切选择都会受到"路径依赖"的可怕影响，人们过去做出的选择，决定了他们现在可能做出的选择。沿着既定的路径，不管是政治、经济方面还是个人的选择，既可能进入良性循环的轨道并迅速强化，也可能沿着原来错误的路径往下滑，直到被"锁定"在某种无效率的状态下而导致停滞。这就要求我们在当初选择的时候，一定要谨慎地选择职业、行业或人生道路。

对一个组织来说，一种制度订立以后，会形成很强的惯性，这种惯性就是制度执行者对现存路径的强烈要求。他们力求巩固现在的制度，阻碍选择新的路径，哪怕新的路径更有效率。所以，组织一定要在刚开始就尽量将制度制订得完善或完美，以免以后付出高昂的代价。

你的终极命运取决于你最初的选择

回首往事时，不少人曾这样调侃自己：年龄增长了，阅历不见增加，体重上升了，智慧不见增多；脸上的皱纹平添了不少，然而自己大体未改，兜兜转转又回到了原点，人生似乎进入了死循环。为什么会这样呢？其实是因为我们选择了错误的起跑线，输在了人生的起点上，更可悲的是一步走错步步错，在惯性力量的推动下，我们好像踏上了一条不归路，会义无反顾地朝着错误的方向狂奔，这就是"路径依赖"原则在影响着我们的人生。

路径依赖定律由荣获 1993 年诺贝尔经济学奖的道格拉斯·诺斯提出，它指的是你最初的选择决定最后的结果，人一旦做出选择，便会受到路径依赖心理的可怕影响，日后的步伐会沿着既定的路径前进，人生也会被锁定在某种状态下，成功脱身是非常困难的。

路径依赖定律最经典的一个例子是有关美国航天飞机火箭助推器的宽度，它的标准宽度十分接近铁轨宽度四英尺又八点五英寸。那么这项标准是怎么来的呢？这还得从两千多年欧洲交通史说起。古罗马人根据两匹马屁股的宽度设定了战车的宽度，其标准宽度就是四英尺又八点五英寸，后来英国人造马车的时候沿用了这一标准，起因是英国的长途老路几乎都是罗马人铺设的。电车和火车出现后，轮距和两条铁轨之间的距离依旧沿用了过去的标准。航天飞机被发明出来以后，由于两个配套的火箭助推器要靠火车运送，途中又要穿过隧道，隧道的宽度比火车轨道略宽，因此铁轨的宽度就决定了火箭推助器的宽度。最后得出的结论是两千年前古罗马时期两匹马屁股的宽度决定了今天美国航天飞机火箭助推器的宽度，这是多么不可思议。路径依赖定律竟然可以超越时空，影响人类两千年的历史。

路径依赖定律既然可以影响人类两千年，就足以影响我们整整一生。在现实生活中，被这一定律成全或被毁掉的例子比比皆是，所以我们一定要走好人生的第一步。路径依赖定律告诉我们，最初的选择规定了日后的固定跑道，也就是说如果我们进入了良性循环的轨道，就可以不断使自身得到优化，反之若是闯进了恶性循环的轨道，人生便陷入了解不开的死循环，所以我们在抉择时要慎之又慎。

戴尔电脑的创始人迈克尔·戴尔在分享品牌运作的成功商业模式和商业理念时，曾毫不隐讳地透露，戴尔电脑畅销的秘诀在于"直销模式"和"市场细分"，而这种运作模式早在他少年时期就已经在头脑中成形了。

12 岁那年，戴尔还是一个酷爱集邮的少年，他喜欢收集各种各样的邮票，然后把它们售卖给跟自己一样对其着迷的人。为了赚到更多的钱，他决定不再在拍卖会上公开售卖邮票，而是说服集邮者把邮票委托给他卖，随后他在刊物上登广告宣传。那一次，他轻而易举地赚到了 2000 美元，由此他开始意识到抛弃中间人——拍卖会，直接跟买家接触，可以获得更多的利润，直销模式的理念就这样在他的头脑中孕育成形了。

上中学时，戴尔已经尝试做电脑生意了。他发现很多经营电脑生意的商家根本就不懂电脑，既没技术又不能为顾客提供合适的产品。于是果断地抛弃了中间商，自己购买零件组装电脑售卖，并根据顾客的需求提供不同功能的电脑，这样不仅节省了成本，使自己在定价方面具有了优势，而且升级了产品的品质和服务，对市场进行了细分，能满足不同客户的个性化需求，使产品更加受欢迎。以后戴尔凭借着这种商业模式创业，一步步把企业做大，在不到 20 年的时间里，把自己的电脑变成了风靡全球的品牌，戴尔公司也一跃成为世界上最为知名的跨国公司之一。

迈克尔·戴尔能够在商业上取得成功是因为最初选择的路径是正确的，所以路径依赖定律在他身上发挥的是正面效应的作用。我们在进行人生规划时，一定要选择正确的方向和定位，因为你的第一份工作将成为你事业的标杆，它对你的思维模式、眼界认识、经验积累都有着深远的影响，你只有选对了池塘，才能成为一条自由游弋的大鱼。

很多人在面临抉择，尤其是第一次选择时，会感到迷茫，不知道路在何方，总是抱有边尝试边探索的心态，结果选错了道路，迷失了方向，在错误的领域空耗年华，以至悔恨终生。我们在选择人生道路时，要倾听自己内心的声音，不要过度依赖他人的指导，别人的建议只能作为参考，前方的风景是不是我们想要的，只有我们自己清楚，所以我们要相信自己的判断。

任何一项决策，都值得去深思熟虑

路径依赖效应对于管理者的决策工作，也有着极为重要的意义。路径依赖效应的重点就在于"惯性"二字。惯性不仅存在于物理学中，同样也作用于生物的大脑思维当中。这也告诫我们，任何一项决策，都值得去深思熟虑，以免受到惯性思维的"冲击"。

思维惯性的力量究竟有多强大？关于这一点，我们可以通过一个实验来确认。

科学家在动物园里做了一个实验：他们把 5 只猴子都关进了一个笼子里，并在笼子中央悬挂了一串香蕉。但同时，他们又准备了一只高压水枪。只要有一只猴子伸手去摘香蕉，高压水枪就会把所有猴子都冲一遍，到了后来，没有一只猴子敢再打香蕉的主意。

接着，科学家们又用一只新猴子来替换笼中的一只猴子。这只新来的猴子不知道真相，见了香蕉当即就要伸手去摘。这一次不用科学家动用高压水枪，其余猴子就一拥而上，对着新来的猴子一顿暴打，反复几次之后，这只新来的猴子再也不敢去触碰香蕉了。

接下来，科学家们又不断地替换笼中的猴子，直到将最初的 5 只猴子全数替换出来。此时，笼中的猴子早已不知道香蕉与高压水枪之间的联系，但它们都固守着"不能动香蕉"的观点，哪怕高压水枪早已被撤走。

这则实验中猴子的表现，就是对路径依赖效应的强化作用的最佳说明。优哉游哉的猴子尚且如此，身为企业前进方向的掌舵人，管理者更容易对自己的计划与决策产生盲目的自信和依赖。一旦某种决策走上了轨道，就会自动沿着一个方向不断前进、巩固。这种巨大的惯性很难停下来，即使是管理者也常常有心无力。如果走的是正轨也就罢了，企业可以不断地发展进步；可要是走错了方向，企业最终只能迎来失败。对于管理者而言，这种惯性就是一把双刃剑，必须小心谨慎地看待。

纵观全球企业兴衰史，我们可以从许多企业的兴衰中，看到路径依赖效应所起到的积极作用与消极作用。其中，诺基亚就是最为典型的例子。

说起手机品牌，诺基亚毫无疑问是深入人心的。但很少有人知道，1865 年诺基亚公司在芬兰最初成立的时候，竟然是一家木材纸浆厂！但随后，诺基亚开始向橡胶、轮胎、电缆等行业进军。在与芬兰电缆厂合并之后，诺基亚十分明智地在电缆厂成立了电子部，并把光线电传输为发展核心。此后，诺基亚围绕着这一核心不断发展，最终成为手机行业的巨头。

如果诺基亚的故事只到这里，也称得上十分励志，但若干年后诺基亚的失败，却给后来的企业管理者们留下了更多的教训。随着苹果和安卓的崛起，手机行业即将迈入一个新的时代。但此时作为手机界"龙头老大"的诺基亚，却埋头于自己的"纵向一体化"战略，没能及时的"刹车"，掉转方向。

苹果在首次推出 iPhone 这一作品之时，也首次推出了无实体键盘的多点触摸界面，这一成果可说极具变革性。此外，苹果还推出了全新 iOS 系统，极大地改变了人们对手机这一概念的认识。

不仅如此，就在苹果刚刚刷新了人们的世界观不久，为了与 iOS 对抗，Google 公司又开发出了一款新系统——Android。Android 一出，几乎除了诺基亚以外的手机制造商，都纷纷引进了这一系统。但这个时候，诺基亚仍然在沿用已经颇显老态的塞班系统，甚至在 2008 年时不遗余力地收购塞班。但最终，塞班并未能够给诺基亚带来任何助益，两年之后，诺基亚也被迫关闭了新成立的塞班基金会。

从诺基亚的兴起与衰败中，管理者们就可以看出路径依赖效应对企业的影响是何等巨大。或者说得更准确一点，是路径依赖效应对于管理者的计划决策产生了重大影响。

路径依赖效应的出现并不是偶然，而是有着深刻的心理原因和利害关键。随着计划的实施和推进，管理者对于自己倾尽心力拟定的目标和方向也会不可避免地产生感情。这种感情一旦出现，管理者就会在需要做出改变的时候心生不忍与不舍，这就是产生路径依赖效应的一大原因。

比起心理原因，利害关系更能激发路径依赖效应。任何一个企业之内，都会因制度策略的确定而形成既得利益的集团。这部分人从固有的大政方针中获取了优厚的利益，自然会成为这一系列方针的坚实拥护者。对于亟须做出改变以应对变化的企业及其管理者而言，这些人就是最大的阻力。

因此在这里我们必须明确建议所有的管理者：不要忽视自己所做的每一个革新决定。制定任何一项发展策略，都不能简单粗暴地用结果来说事，还必须看到它与本行业未来的发展步趋势是否一致，在实施过程中，又会对企业自身产生何等不利的影响。管理者要随时做好纠正的准备，力求在偏差刚刚显露的时候，就将它导向正轨。这样一来，才可以尽量避免出现积重难返的现象，避免因路径依赖而导致的重大失误。

第二章

思维：当下是一个拼思维模式的时代

伟大不只在事业上惊天动地，他时常不声不响地深思熟虑。

——克雷洛夫（俄罗斯作家）

懒于思索，不愿意钻研和深入理解，自满或满足于微不足道的知识，都是智力贫乏的原因。这种贫乏用一个词来称呼，就是"愚蠢"。

——高尔基（苏联作家）

吉德林法则：认识到问题，问题便已解决了一半

法则精义： 吉德林法则的提出者是美国通用汽车公司的管理顾问查尔斯·吉德林，即指在困境中，如果你能将问题清清楚楚地写出来，便已经解决了一半。也就是说，对于看似无法解决的问题，认清其关键所在，才是解决问题的第一步。

应用要诀： 中国自古有"知人者智，自知者明"。吉德林法则应用到个人领域，即指：当一个人处于发展困境中时，能时时自省，懂得反思自我，反思事情的本身，将问题的关键找出来，那么问题便解决了一半。

吉德林法则在管理中的应用在于，如若想从根本上解决问题，就必须清楚问题出自哪里。当你看到了问题的症结所在，也就能够找到解决问题的方法了。

找出问题是解决问题的关键所在

吉德林法则主要说明，要解决问题，首先要找出问题，这是解决问题的关键点。就像治病要讲究"先找到病因，再对症下药"一样。所以，当你在工作或生活中遇到难题、瓶颈，或者感到一筹莫展的时候，不妨让自己冷静下来，仔细分析一下问题，找到症结后，再找出解决他们的方法，这是解决问题的关键所在。

尤今是新加坡极为著名的作家，她曾经有这样一次经历：当她还是一名记者时，一次，她便托一位同事代买圆珠笔，并且再三叮

嘱对方："不要黑色的，记住，我不喜欢黑色，暗暗沉沉，肃肃杀杀。千万不要忘记呀，12 支，全部不要黑色。"第二天，同事把那一打笔交给她时，她差点昏过去：12 支，全是黑色的。

她的同事却振振有词地反驳："你一再强调黑色的、黑色的，忙了一天，昏沉沉地走进商场时，脑子里印象最深的两个词是：12 支，黑色。于是我就一心一意地只找黑色的买了。"其实，只要言简意赅地说"请为我买 12 支蓝色的笔"，相信同事就不会买错了。从此以后，尤今无论说话、撰文，总是直入核心，说出关键，不去兜无谓的圈子。

由此可见，无论是工作、学习还是处理生活问题，都要讲究方法。只有先找出问题，才算抓住了问题关键，才能使我们的工作和学习事半功倍。

南方一个城市的核电厂在运营过程中遇到了极为严重的技术问题，导致整个核电厂的效率低下。这可急坏了核电厂的工程师和技术人员，他们虽然多方调研求证，尽了最大的努力，还是没能找到问题所在。于是，他们请来了一位顶尖的核电厂建设与工程技术顾问，看看他是否能够找出究竟是哪里出了问题。那位技术顾问穿上白大褂，带上写字板，就去工作了。在两天的时间里，他四处走动，在控制室里查看数百个仪表、仪器，记好笔记，并且进行计算。

临离开前顾问从衣兜里掏出笔，爬上梯子，在其中一个仪表上画了一个大大的"×"。"这就是问题所在。"他解释说，"把连接这个仪表的设备修理、更换好，问题就解决了。"顾问走后，工程师们把那个装置拆开，发现里面确实存在问题。故障排除后，电厂完全恢复了原来的发电能力。

大约一周之后，电厂经理收到了顾问寄来的一张 1 万美元的"服务报酬"账单。电厂经理对账单上的数目感到十分吃惊。尽管这个设备价值数十亿美元，并且由于机器故障损失数额巨大，但是以电厂经理之见，顾问来到这里，只是到各处转了两天，然后，在一个仪表上画了一个"×"就回去了。对于这么一项简单的工作收费1万美元似乎高了。

于是，电厂经理给顾问回信说："我们已经收到了您的账单。能否请您将收费明细详细地逐项分列出来？好像您所做的全部工作只是在一个仪表上画了一个'×'，1万美元相对于这个工作量似乎是比较高的价格。"

过了几天，电厂经理收到顾问寄来的一份新的清单，上面写道："在仪表上画×：1美元；查找在哪一个仪表上画×：9999美元。"

这个简单的案例向我们揭示了一个深刻的道理：当遇到麻烦，要先找出问题，这是最为关键的。这对我们个人也有极深的启示：一个人，如果想在生活中获得成功、成就和幸福，一个极为关键的，就是必须知道其生活中的每一个阶段的关键问题是什么，这是我们成就每一件事情的决定因素。找出问题的根本原因，是高效能人士思考和解决问题的习惯之一。

找出问题关键，在"不幸"中找出"幸运"因子

无论是组织还是个人，谁都会遇到难题或困境。吉德林法则告诉我们，在瞬息万变的环境下，如何才能有效地解决难题，并没有一个固定的规律。但是，成功并不是没有程序可循的。遇到难题，无论你如何去解决它，成功的前提都是看清楚难题的关键在哪里。当你找到了问题的关键，也就找到了解决问题的方法，剩下的就是如何去具体地实施了。

要知道，所有的坏事情，只有在我们认为它是不好的情况下，

才会真正成为不幸事件。根据吉德林法则，当坏事件来临时，如果我们能从"不幸"中寻找到"幸运"的因素，那么所有让人感到棘手的事情就会呈现柳暗花明的境界。

美国的波音公司与欧洲的空中客车公司是世界上极具影响力的飞机制造商，两家公司曾经为了争夺日本"全日空"的一笔大生意而打得不可开交，双方都想尽各种办法，力求争取到这笔生意。因为这两家公司的飞机在技术指标上不相上下，报价也差不多，"全日空"一时拿不定主意，不知该向哪家公司下订单。

可是就是在这关键的时刻，在短短两个月时间内，世界上便发生了3起波音客机的空难事件。一时间，来自四面八方的各种指责都向波音公司汇集而来。这使波音公司产品质量受到了人们的质疑。许多人认为，这次波音公司肯定输定了。但是波音公司的董事长威尔逊并没有为被一系列的事件所击倒。他马上向公司全体员工发出了动员令，号召公司全体上下一齐行动起来，采取紧急的应变措施，力闯难关。

他先是扩大了自己的优惠条件，答应为全日空航空公司提供财务和配件供应方面的便利，同时低价提供飞机的保养和机组人员培训；接着，又针对空中客车飞机的问题采取对策，在原先准备与日本人合作制造 A-3 型飞机的基础上，提出了愿和他们合作制造较 A-3 型飞机更先进的 767 型机的新建议。空难前，波音原定与日本三菱、川崎和富士三家著名公司合作制造 767 客机的机身。空难后，波音不但加大了给对方的优惠，而且主动提供了价值 5 亿美元的订单。通过打外围战，波音公司博取了日本企业界的普遍好感。在这一系列努力的基础上，波音公司终于战胜了对手，与"全日空"签订了高达 10 亿美元的成交合同。这样，波音公司不光渡过了难关，还为自己开拓了日本这个市场，打了一场反败为胜的漂亮仗。

无论在怎样的绝境中，遇到怎样的艰难，你需要做的第一件事就是让自己冷静下来，仔细地分析问题，搞清楚问题出在哪里。当你找出问题的症结所在，再去找解决问题的方法便不是件难事了。

对一个企业来说，出现危机并不可怕，可怕的是被危机冲昏了头脑而自暴自弃。很多时候，危机并不一定是坏事情，如果你能及时洞悉问题的关键，它有时反而会成为企业发展的契机。企业只要树立忧患意识，并且在危机来临时快速地做出反应，便一定能够扭转危局，转败为胜。无论何时请记住：所有的坏事情，只有在我们认为它是不好的情况下，才能真正地成为不幸事件。所以，无论是对于个人还是企业管理者来说，在遇到险境时，一定要保持理性，找出问题的关键，进而找到解决问题的方法。一般来说，你可以从以下几点去分析并解决问题。

第一，搞清楚发生了什么事。当处于困境中时，了解问题的关键就是对已经发生的问题进行准确的定位。

第二，原因在哪里。紧接着，应该分析是什么原因导致了这个问题的产生，最好能够深入解剖问题的根源所在。

第三，找出所有能够解决问题的办法来。比如，你可以以会议的形式集思广益，可以以百度搜索等方法去找到问题的解决办法，并将它记录下来。

第四，将解决这些问题的所有办法汇集后，就需要深入地进行思考，待思考完毕，选择一个你觉得最有用的方法，再付诸行动。

定型化效应：打破旧的思维，创新才有立足之地

法则精义： 定型化效应也叫"刻板印象"，即指个人受社会影响而对某些人或事持稳定不变的看法。它既有积极的一面，也有消极的一面。积极的一面表现为：在对于具有诸多共同之处的某类人在一定范围内进行判断，不用探索信息，直接按照已经形成的固定看法即可得出结论，这便简化了我们的认知过程，节省了大量的时间和精力。消极的一面表现为：它会限制人的思维，会使人忽视个体化的差异，从而导致知觉上的错误，妨碍个人的创新思维。

应用要诀： 定型化效应给我们以这样的启示：人的思维或眼界极容易被固有的知识、经验或印象所禁锢，这样就极难使个人在事业和生活中有新的发展，很多问题也难以得以好的解决。因此，只有勇于打破旧的思维，创新才有立足之地。要知道，在未来飞速发展的社会中，一个思维定型的人是很难立足的。

定型化效应在人际交往中也给我们以指导：别总拿刻板印象去评判别人，而是要尊重个体化差异，给人以客观、公正的判断。

在定型化思维里打转，天才也难走出死胡同

定型化思维是人在长期的生活环境、习惯、经验等中所积累的固定型思维方式，它阻碍人们对问题产生新的看法和认识，或者说妨碍人们对事与物进行更为客观和公正的评判。在现代社会，一个人若是被定型化思维所禁锢，则很容易影响其解决分析和解决问题

的能力，也容易使其人生走入死胡同。

心理学家指出，定型化思维是心理活动的一种准备状态，即用过去的感知去影响当前的感知的一个过程。受思维定式影响的人，这次这样解决了一个问题，下次遇到类似的问题或表面上看起来相同的问题，不由自主地还是沿着上次思考的方向或者次序去解决。要突破思维定式，克服思维的惰性和跳出思维定式，就必须学会运用辩证的、发展的眼光看问题，破除旧观念，打破习惯性思维，变换视角，跳出固执的思维定式，创造性地开展工作，才能把握解决难题的脉络，在突破中领略全新的世界。

法国著名科学家法伯发现了一种极有趣的虫子，这种虫子都有一种跟随的习性，它们在外觅食或者玩耍的时候，都会跟在另一只虫子的后面，从来不自己走一条道路。

发现这种虫子后，法伯做了一个实验，他花费了很长一段时间去捉了许多这种虫子，然后把他们一只只首尾相连放在了一个花盆周围，在离花盆不远的地方，他放置了一些这些虫子喜爱的食物。

一小时之后，法泊前去观察，发现虫子一只只不知疲倦地在围绕着花盆转圈。

一天之后，法伯再去观察，发现虫子们仍然在一只只地围绕着花盆转圈。

七天之后，法伯再去观察，发现所有的虫子已经一只只首尾相连地累死在花盆周围。

后来，法伯在他的实验笔记中这样写道：这些虫子死不足惜，如果它们中的一只能够越出雷池一步，换一种思维方式，就能找到食物，就不至于被饿死。

其实，现实生活中，有许多人跟这些虫子一样，总是按照自己的思维定式地去做事，人一旦形成了习惯的思维定式，就会习惯性地顺着这种定式去思考问题，不愿意，也不会转个方向、换个角度去想问题。

就拿魔术游戏来说，面对魔术师不断变幻的花样，我们的思维过于因袭习惯之势，总是按照常规思路去想，所以就看不明白其中的奥秘。比如，人从扎紧的口袋里奇迹般地出来了，我们总是习惯于想他怎么能从扎紧的袋子里出来的，而不会去想魔术师究竟在袋子上做了哪些手脚，难道不可以装拉链吗？

拿破仑被流放到圣赫勒拿岛之后，他的一位善于谋略的密友通过秘密方式给他捎来一副用象牙和软玉制成的国际象棋。拿破仑对其爱不释手，从此便一个人默默地下起了象棋，打发着寂寞痛苦的时光。象棋被摸得光滑了，他的生命也走到了尽头。

拿破仑死后，这副象棋经过多次转手拍卖。后来一个拥有者偶然发现，有一枚棋子的底部居然可以打开，里面竟然塞有一张如何逃出圣赫勒拿岛的详细的计划！

拿破仑本是个天才，他拿到象棋后，想的只是消遣，却忽略了象棋藏着的秘密。由此可见，在自己的思维定式里打转，天才也难以走出人生的死胡同。

正因为很多人走不出思维定式，所以走不出宿命般的悲剧。而一旦走出了思维定式，也许可以看到许多别样的风景，甚至可以创造新的奇迹。

那么，在现实生活中，我们该如何打破定型化思维呢？

1. 在生活中，我们要敢于大胆地打破常规与自己固有的认知，以全新的视角和认知去看待周围的一切事与物。

2. 对自己头脑中的信念或固有认知或知识，要及时地清空与归零。同时要去学习新的知识，归纳新的智慧，你的认知格局就会打开。当你的新视野和新格局打开后，你对事与物就会有新的看法或新的认知。

你的看法有可能影响他人的一生

纪雷是法国著名的画家，有一次，他出席晚宴，一位身材矮小的人走到他的面前，向他深深地鞠躬，恳请他能收自己为徒。纪雷打量了眼前的这个人，发现他居然是个缺了两只手臂的残疾人，便十分委婉地拒绝了他，并且说道："我想你画画不会太方便吧?"但那个人并不在意，立即说道："不，虽然我没有手，但是上帝还给了我两只脚。"说完，便请主人拿来笔和纸，放在地上，用脚指头夹着笔画起来，虽然他是用脚画画，但是画得很好，显而易见是下过一番苦功夫的。在场的所有人都为他的画惊叹，并被他的精神感动。纪雷很高兴，答应收他为徒。这个矮个子自从拜纪雷为师后，更加刻苦用功，很快便名扬天下，他就是有名的无臂画家杜兹纳。

没有手竟然能成为画家，杜兹纳用他的实际行动告诉了人们这个不可思议的结论。人们之所以会觉得它不可思议，原因就在于多数人都会被定型化效应所束缚，那就是"没有手就不能画画"。从纪雷的经验中可以看出，定型化效应不但影响了他的判断力，还差一点断送了杜兹纳的前途。

在一个火车站，劳伦斯经过那里看到一个双腿残疾的人摆了一个小摊，卖的大多是纪念品。于是，劳伦斯便漫不经心地丢下五十元，当作施舍，然后便快步地离开了。但没走一会儿，他便返回来，极为抱歉地对着残疾人说道："不好意思，我居然把你当作一个乞丐，你是一个生意人，对吗?"过了几个月，他再次经过火车站，一个店家老板站在店门口微笑喊住他："我一直期待你的出现，"那个残疾人说，"你是第一个把我当作生意人看待的人，你看，我现在是一个真正的生意人了。"

一句话便可以改变人的一生。这个事例足以证明"你的看法很多时候就决定他人的人生"，所以，在生活中，我们切不可以定型化思维或眼光去贸然地评价一个人，而是要以全新的看法和视角去重新认识对方，并给予理性的评价。

在现实生活中，我们很多人都会受定型化效应的影响：当你和几个人提及一个大家都比较熟悉、给你留下印象不好的人时，你会发现大家众口一词，对他嗤之以鼻。究问原因才知道原来他的表现不是很好，所以才遭到大家的"棒杀"。这样的看法是不够客观的，要知道，人总是会变的，你若总是用老眼光看人，觉得其人之前表现不好，就怀疑其当下的人品，这样会使其失去信心，甚至将其推入绝望的深渊。

所以，千万不要因为你的固执，而让定型化效应左右你的判断，以致悲剧发生。要牢记：尊重和爱心，常会产生意想不到的结果。如果大家都能用心去感悟世界，去尊重身边的每一个人，生活将处处充满光彩。

蓝斯登原则：行事前凡事都想周全，方能进退有度

法则精义：蓝斯登原则，是由美国管理学家蓝斯登提出的。即指在你往上爬的时候，一定要保持梯子的整洁，否则你下来时有可能滑倒。也就是告诫我们：凡事开始做之前，一定要将事情会出现的各种"结果"想周全，考虑明白，这样才能进退有度，才不至于落入进退维谷的情况。

应用要诀：蓝斯登原则告诉我们：做事之前，一定要先考虑周

全，即记得给自己留后路。这样才能确保你进退有度，宠辱不惊。亦如罗永浩所说的那样：在行事之前思考的时候，要把好事打五折，坏事翻一番。而在行动时，则要将好事翻一番，坏事打五折。这样方能让自己在进退中收放自如。

蓝斯登原则，也可以运用到为人处世方面，即凡事都不要做绝，给别人留后退的路，就是给自己留后路，正所谓"做事留一线，日后好见面"，说的就是这个意思。

进退自如的气度源于周全的思虑

蓝斯登原则向我们阐明了一个行事的智慧，即往上爬的时候，一定要保持梯子的整洁，以防止下来时候滑倒。也就是说凡事一定要思虑周全，对自己不确定的事情，在开始动手去做之前，就要方方面面都考虑周全。这与传统中的未雨绸缪并非同一个意思。未雨绸缪，是对不确定的事情做防范。而蓝斯登原则讲的是对确定的事要思虑周全，方能进退有度，宠辱不惊。

罗永浩曾说过：在行事之前思考的时候，要把好事打五折，坏事翻一番。而在行动时，要把好事翻一番，坏事打五折。说的就是，在行动开始前，不要太过于乐观，将"不好"的因素全考虑进去，以做好应对的准备；但是在行动开始时，就要"乐观"一些，多想想事情中的"积极"因素，这样方能充满信心地将事情做好。比如你做一项投资，如果想在投资上进退有度，那么就必须在投资之前将有可能出现的各种"坏"情况都想到，并且做出相应的准备或应对的策略；而在真正开始投资时，要以乐观、积极的心态去考虑，以提升事情的成功率。最终即便是收获最坏的结果，人内心也会感到坦然，不致因准备不足而出现进退维谷的状态。

在职场中，赵梅的业务能力是不错的，也受到领导的器重。但就是依仗着领导对她的看中，整个人便开始膨胀和嚣张起来。有一次，她与一位同事柳芮因为一些私事闹了一些不愉快，在气愤的时候，她便随口对那位同事柳芮说："从今天起，我们断绝所有的关系，彼此之间再无任何瓜葛……"但是这话刚刚说完还不到两个月，柳芮却因为出色地完成的一个项目而升职，成了赵梅的上司。赵梅因为当初"不周全的思维"，将话说绝，再也没脸在单位待下去，只好向公司递交了辞呈。而她那位被她"绝交"的上司柳芮，看到她的辞职信后，便主动放下身段，向她讲和，并当众夸奖她出色的工作能力，极力地挽留她。赵梅见柳芮如此宽宏大量，便留了下来。自此之后，两人同心协力，为公司立下了汗马功劳。

赵梅心直口快的个性，致使其在考虑不周的情况下，便随意说出了绝对的话，致使在后来面对进退维谷的艰难处境，可谓缺乏智慧的表现。而与之相对的是其上司柳芮则是极为明智的，她在升职后，主动与赵梅求和，最终成为其工作中最得力的助手。这样的人，懂得给自己留退路，想必她的职业生涯一定会顺风顺水。

"上楼梯时别将楼梯弄脏，以免下来时滑倒"，蓝斯登原则旨在告诫我们，无论在顺境中，还是在逆境中，对人对事都要有所敬畏，要给自己留有余地，这才能使自己做到进退自如。

做事留一线，日后好见面

蓝斯登原则不仅对做事有好的指导作用，对现实中的为人处世也有极具价值的指导。它告诫我们：为人处世要懂得给自己留后路，就是我们通常所说的"做事留一线，日后好见面"的处世原则。

在现实中，但凡经常下厨房的人，都懂得做菜时要少放盐，因为味淡还可以补救，味咸则难以补救。雕刻技法中有一个原则：眼睛要先刻得小一点，鼻子要先刻得大一点。眼睛小了，可以再进行雕琢得大一些；鼻子大了，则可以再刻小。

待人处事，也应该留有余地。留有余地，是进退自如，是收放从容，是一种处世的艺术，是人生哲学。不留余地，好比下棋时的僵局，即便是没有输赢，也无法再走下去。所以，在与人交往时，要以宽容之心，给他人留余地，这样才不致把自己以后的路给堵死。

1792 年初，拿破仑率领军队直入罗马，在谢尼奥之战中，抓到了大批的意大利俘虏。按道理，拿破仑应该下手立即处决这些俘虏。但是考虑到当时的形势，权衡后，他决定释放这些俘虏。

在释放俘虏之前，他就用意大利语向俘虏们做了演讲。在高谈所谓意大利自由和教皇制度的种种弊病之后，他以极为真诚的语气说道："我是意大利各族人民的朋友，特别是罗马人的朋友。我是为了你们的幸福来到这里的。现在把你们释放了，请你们回家告诉你的家人们：法军是宗教、秩序和穷人们的朋友。"

看到英勇十足的拿破仑如此宽容，俘虏们都激动万分。于是，他们用欢呼声代替了恐惧感，仇人则成了恩人。结果，释放的俘虏们成了法军的宣传员，到处宣传，说拿破仑才是真正爱护意大利人的。

这个消息迅速地传开来了，甚至传到了十分偏僻的亚平宁山区，进入了许多农家茅舍，这为之后拿破仑在意大利采取军事行动和对其进行统治创造了极好的条件。

人情世态可谓错综复杂，瞬息万变，对待任何人都要留"一线"，在能放人一马时，就不要赶尽杀绝。否则，就是堵住了自己日后的退路。

要记住，宽厚包容，有时候可收获奇效。山不转水转，在得势之时给人留一些情面，日后也许能得到更多的收获与更多的尊敬。

布利斯定理：事前想周密，事中少烦恼，事后少懊悔

法则精义： 无论在职场中还是在生活中，如何才能提升办事的效率？如何在获得机会后，提升成功率？是多数人关心的问题，当然也关乎一个人未来的发展或者前途。关于这些问题，美国行为科学家艾得·布利斯则认为：在做一件事情之前，要用较多的时间去做计划或规划，这会大大地缩短完成这件事的时间，这就是著名的布利斯定理。

应用要诀： 布利斯定理实则再次印证了"凡事预则立，不预则废"的道理。它旨在教我们该如何提升办事效率和成功概率，对此，在现实中我们需要注意三个方面的问题：

第一：在做任何事前，一定要做好周密的计划或规划，以免因为冒进或缺失章法而使自己处于混乱的状态中，进而使效率大打折扣。

第二：如何才能将计划做得周密，对你的计划实施起到指导作用？

第三：在实施的时候，该如何将计划或规划稳步推进，从而从根本上提升办事效率？

你与精英的距离，只差一个"事前计划"

在现实中，为何有些人事情不多，却总是显得手忙脚乱？而有些精英虽身兼数职，仍旧能够从容不迫，还可以抽出空去休息？原

来，他们都是布利斯定理的运用者，即事前做计划，都习惯将计划列成"清单"，再分步执行，进而大大地提升了成功的概率和效率。所以，在一定程度上讲，庸才与精英的距离，很多时候只是差一个周密而详尽的"事前计划"而已。

当然，关于事前计划能否提升工作效率和成功的概率，艾得·布利斯用真实的实验证明了它的合理性。他曾与自己的同行做过如下的实验：他们将志愿者分为三组，进行不同方式的篮球训练。第一组每天练习实际投篮，不加任何热身和准备，这样持续 20 天，最后把第一天和第二十天的成绩记录下来。第二组则在这 20 天内不做任何投篮练习，同样也是记录第一天和第二十天的成绩。第三组在记录下第一天的成绩后，每天花费 20 分钟进行想象中的虚拟投篮，如果不中，他们想在想象中纠正出手方式。实验的结果表明：第二组的成绩没有丝毫的长进，而第一组的进球数量则增加了 24％，第三组的进球数则增加了 26％。

本实验结果，与我们通常认为的"只有不断练习实际投篮才能改善手感以增加投篮命中率"的想法有些出入，行为心理学家给出的结论是：做事前行进行"对脑热身"，计划好每一个细节，梳理所做事情的步骤，做起事来才会得心应手，才会有效率。

事实上，还有一个研究机构的研究结果也证明了布利斯定理的科学性。曾有一家研究机构的研究结果表明：制定计划将极大地提高目标实现的概率。善于事先做计划的人成功概率是从来不做事前计划的人的 35 倍。在成功实现目标的人群中，事先制定计划的人数高达 78％，能够坚持按计划行事的人实现目标的概率是 84％，中途改变计划的人实现目标的概率为 16％。

布利斯定理告诉我们，凡事一定要先三思而后行，事前多想一步，事中就会少一些折腾，事后便会少一些悔意。生活中，有些人比较冲动，在确定一个目标后，急不可耐地先动手干了起来，生怕晚点动手错失良机。或者在接到一项任务后，十急慌忙地着急去干，根本不做事前准备或规划，这种积极性是值得肯定的，但成事的效率则会大大地降低。

有"销售之王"之称的乔·吉拉德在刚接触销售行业时，发现自己的组织能力极差。他平均每周打 500 多个电话，一个月打出 2000 多个电话。随着打电话记录的增多，他的工作也变得杂乱起来。因此，他希望找出一个简单的方法，让自己的工作变得有序，但并未成功。

后来，他突然意识到，欲想提升工作效率，就要花足够的时间去计划、去思考。于是他将打出的电话号码录在卡片上，每个星期有四五十张。接下来，他再根据卡片的内容安排下一次拜访任务，还有要写的信件等。然后再列出日程表，安排星期一至星期五的工作顺序，当然也包括每日要做的事情。每次做这些事情都要花掉四五个钟头，既琐碎又枯燥，所以，起初他总是想放弃，但在坚持一段时间后，他便尝到了甜头，发现这种方法可以使他的工作变得高效起来。

自此以后，每周的上午，他不再忙着打电话，而是精神饱满、神采飞扬、信心十足地去见客户。要知道，在这之前他已经准备了一个星期，将谈论的话题都想好了。因为准备充足，状态良好，他对会谈充满了信心，并且相信下周自己会做得更好。

事实就是如此，当你有了目标与计划后，你需要完成的事情就要简便许多，效率也会高许多，绝对不会发生找不到事干的情况，更不会遇到困难便总想着去退缩。每个人都曾有过梦想，可要实现它们，一定要事先做好必要的规划和计划，同时将目标分解成无数个小目标，逐个去达成它，最终实现大目标。就像我们想移走一座大山似乎不可能，但如果将山看成一个小小土丘，然后再逐个移除小土丘，坚持下去，就很可能移动一座大山。同样，让我们将一个宏伟的目标分解成一个个的详细小目标去完成，我们便会发现看似不可能达成的事情就变得简单了许多。

实际上，做事之前的思考并不会耽误你多长时间，慎重思考后，再做出决定，待做出决定后，做出更为详细的计划，然后才是具体的行动。要知道，慎重做决定与计划这两个小步骤是极为重要的，这两步没走，后一步在落实到行动上时，就会陷入盲目被动的局面，甚至是徒劳的。因此，我们应坚持"三思而后行"的行事原则，这样才能避免陷入盲目，避免做无用功。

如何做出一个合理的计划清单

关于布利斯定理，西班牙智慧大师巴尔塔沙·葛拉西安也用同样的意思阐述过：做任何事情都不要太匆忙，忙乱中容易出差错；也不要太轻率大意，不要急于表态或发表意见。他再次阐明了"凡事做规划或计划""三思而后行"的重要性。很多时候，那些"计划控"行事之所以比别人更顺遂和高效，是因为"做计划"这个动作，就能对事情的推进发挥出强大的功效：1. 凡事事前做计划，可以让我们对该事情的过程有一个理性的思考，让我们对事情有更强的把控力，从而产生强有力的成就感，有效减轻焦虑感；2. 做好计划后，使整个事情的进程变得富有条理，让人更能专注大局，并不忽视细节，使复杂任务简化处理。将事情"计划化"的威力在于，它不是时间管理工具，而是明确的具体措施。一个目标、一张计划表，无论事情大小都行，工作与生活都适用。

那么，在实际的操作中，我们如何才能做一个好的"计划"

来呢？

第一步，在做计划时，按事情的发展依次序将大的方面全部都列出来。不要去纠结形式，只要一想到就先写下来，其他等以后再说。

第二步，将计划清单组织好。等你将所能想到的内容都写出来了，那么就需要将这些内容细化一下，比如，将重要的计划进行细化，需要注意的事项都要做一些标记。

第三步，在计划中将事情的轻重缓急分清，最为重要的是必须弄清楚什么任务是必须完成的，哪些是可做可不做的。必须完成的，并不一定要你亲自做的，你可以尽快地安排给别人去做，自己在一边协助或者监督即可。

那些工作效率较高的人，是那些对无足轻重的事情无动于衷，而对那些比较重要的事情锱铢必较的人。一个人如果强迫自己把每一件事情都做好，最终的结果是一件事情都做不好，包括最重要的事情，这是得不偿失的。为此，无论做什么事情，我们都要坚持"要事第一"的原则，将最多的时间、最大的精力都投入最为重要的事情上面，这样才能够最大限度地创造出"生产力"来，才能迅速地从周围的同事或同行中脱颖而出。同时，对于计划内容应当设定完成期限。对于有特定时间限制的内容，可以标识好完成的具体时间，这样能更有效提醒你第一时间完成。

第四步，把计划清单内容重新写一次。按照先分类再分优先的原则，将之前的清单内容重新整理。这样的目的，首先是有利于进一步的梳理，帮助你挖掘可能存在的遗留内容。其次，能对清单内容实现语句上的精简，简洁明了，容易阅读理解。最后，能让你的清单看上去更好看，更赏心悦目。

当然了，做计划不一定非要写下来、写在纸上。做计划的目的就是理清你的行事思路，使事情做起来富有条理性，所以，如果你能将"计划"放在心里，在动手做事之前，对事情的顺序、注意事项等"了然于胸"，也是可行的。当然，应根据实际情况做出相应的"计划"，以提升行事效率。

卡瑞尔公式：凡事做最坏的打算，往最好的方向努力

法则精义：卡瑞尔公式是由美国工程师威利·卡瑞尔所提出的理论，即指当遇到困境或挫败时往最坏的方向去做打算，同时做好应对的准备，再努力往好的方向去努力。这样便可以有效地缓解人因为对"未知"的不确定而产生的焦虑、恐慌等负面情绪。

应用要诀：卡瑞尔公式告诉我们：1. 很多时候，真正摧毁一个人的不是事情本身，而是因为"未知"而带来的忧虑、恐慌和焦虑。

2. 要解除忧虑、恐慌和焦虑，就要运用卡瑞尔公式，即在做事情前，先强迫自己去面对最坏的结果，当自己在精神上接纳了这种最坏的结果后，才能使我们可以静下心来集中精力去解决问题，使事情向最好的方向发展，进而取得最好的结果。

别让恐惧和焦虑摧毁你

有时候摧垮人精神意志的不是人生的重大事故，而是等待事故发生的焦虑和恐惧。一个身患重病的人，在很短的时间内猝然离世，他并不是被病魔杀死的，而是面对自己的生命倒计时，被自己的心魔活活折磨死的。由此可见，很多时候，摧毁一个人的并非事情本

身，而是由对事情的"不可预知"而产生的焦虑和恐慌，它会使事情向着最糟糕的方向发展。

实际上，在困境或绝望的境况下，我们最需要做的就是集中精力去解决问题，使事情向最好的方向发展，但因为焦虑与恐慌耗费了我们的精力、聪明和智慧，最终只由任由事情往糟糕的境地发展。为此，威利·卡瑞尔则提出了一种缓解人焦虑和恐慌的方法：在绝境中做最坏的打算，同时做好应对的准备，以让自己集中精力去解决问题，以扭转事情的局面。

卡瑞尔公式是威利·卡瑞尔根据亲身经历总结出来的。他曾被公司拍到密苏里州安装一架瓦斯清洁机。他费了好大的力气才把机器安装好，使它勉强可以投入使用，但是并不能保证机器的运转完全达到公司的要求。为此他懊恼万分，经常由于过分焦虑而彻夜难眠。后来他发明了一套缓解忧虑的方法，这就是卡瑞尔公式。他解决问题的思路是这样的：

第一步，想象最坏的情况可能是什么。对于威利·卡瑞尔来说，他最担心的莫过于丢了工作，连累老板损失 20000 美元。

第二步，让自己坦然面对并接受糟糕的情况。威利·卡瑞尔告诫自己，丢了工作就再找一份新工作，这并没有什么大不了。老板损失的 20000 美元可以算作研究经费，他并没有白白损失，不过是在探求新方法时付出了一定的代价而已。

第三步，针对最坏情况做好充足准备，积极扭转困局。威利·卡瑞尔经过几次研究和实验发现，只要再给机器加装一些设备，技术上的难题完全可以圆满解决，结果他不但保住了自己的工作，还为公司创造了效益，并没有让老板损失一块钱。

当我们面临困境和危机时，随时都有可能要被迫面对最坏的情况，这时越是焦虑越是容易把事情搞砸。冷静地想象可能出现的最坏情况，反而能使我们焦躁不安的心平静下来，促使我们以处变不惊的态度想出更好的应对之策，这样反倒会化不利为有利，促成问题的解决。

在现实生活中，少有人在面对巨大的变故时，能做到"泰山崩于前而色不变"，这是因为突如其来的巨变往往让人措手不及，如果我们能提前做好准备，那么结果就会完全不一样了。卡瑞尔公式告诉我们，当事情已经糟糕透顶时，剩下的就是要集中精力去解决问题。同时也告诉我们，人生不能打无准备之仗，事先评估好风险，为可能发生的最坏情况做好准备，坏事发生时就不至于手忙脚乱，这样做能有效阻止事情向最坏的方向发展。

在日常生活中，我们运用卡瑞尔公式来思考和解决困境中的问题，并不是一种消极的心态，更不是杞人忧天，把事情往最坏的方向想，事先弄清一切的不利条件，有助于我们对全局的掌控，即使最坏的情况没有发生，也能起到防患于未然的作用。

如若接纳最坏的，就再也不会有什么损失

在生活中，让我们跃跃欲试不敢行动的，很多时候都是内心的恐惧，难以了受失败的结果。对此，要提升个人的行动力和效率，就要懂得运用卡瑞尔公式，即接纳最坏的，往最好的方向去努力，这样你就再也不会有什么损失。当你用最坏的打算去对待结果时，结果只会比这个更好，就不会再有什么令你害怕的事情了。

心理医生罗宾·汉斯的治疗记录中有这样一个案例：汉斯的朋友艾尔·亨利因为常年抑郁而患了极为严重的胃溃疡，因为无法进食，所以每小时只能吃一些半流质的东西以补充营养。每天早上和晚上，他都需要护士拿一条橡皮管插进他的胃里，将里面的东西清

洗出来。这种境况持续了好几个月后，汉斯建议他说："朋友，既然医生都说你这次没救了，那么最坏的也就是死亡了。你一直想在死亡之前去环游世界，不如趁现在还能行动，去实现自己的这个愿望吧。"亨利听从了汉斯的建议，他买了一口棺材放在船上，委托轮船公司安排好，万一他去世的话，就把他的尸体放在冷冻舱里运回来。然后，他便开始了他的环球旅行。极为神奇的是，他在旅程开始之后，身体便渐渐地好了起来，慢慢地不用吃药，也不用再洗胃了。几个星期过去了，他甚至都可以抽雪茄、喝酒了。

就这样，旅行结束后，他的胃溃疡竟然不治而愈了。

如果做了最坏的打算，那么人就会克服内心的害怕，会大胆地放手一搏，如此你内心的恐惧就会"缴械投降"，如此你的精力将会集中到去解决麻烦和事务上，如果往往能取得比更好的结果。

艾米尔是加州人，现在是一家电子商务公司的老板，大众眼里的"成功人士"。还不到50岁的他已经拥有了上百亿美元的资产，旗下经营着几十家连锁电器起市、数码店，还有一家国际电子商务网站。

有人曾向他探寻成功秘诀，他便自嘲地说："我成功的最大秘诀就是每天早里出门前，都会告诉自己：你，今天可能失败，而且是非常惨重的失败，失去一切，你做好准备了吗？然后我会站在阳台上抽根烟，想象一下自己会怎么失败：破产？负债多少亿美元？还是为此家破人亡？这些情况万一发生了，我怎么办呢？我就设计各种拯救的办法，想想我有什么资源可以弥补损失，有什么方法可以东山再起。最后，我会带着满满的自信出门。"

这就是艾米尔成功的心理准备，由于他有充足的思想预案，因此在创业的过程中，无论遇到了多大的困境，他都能够爬起来，去解决各种问题，选择方向时，他充满自信，比别人多了几分淡定，也极少焦虑。

他曾对朋友笑着说："我 14 岁时卖鱼，高中还没毕业就开始做生意了，后来便跑到休斯敦做文化用品的销售，积累了第一桶金。在我 24 岁时，我接了一个上亿美元的大单，结果失败了，生产无法继续，导致贷款危机。这是我挺过的第一道坎，因为我之前做好了预备，所以动用备用资金，把问题解决了。我还炒过楼花，炒过股票，都输得一塌糊涂，直到我进入了数码产品的市场，开始做电子商务，开电器超市，才找到了我这辈子的方向。但我仍然有这个准备：如果突然有一天，末日来了，我如何应对？"

怀着这种危机意识，时至今日，艾米尔的生意如火如荼。他从容淡定地面对未来，始终怀着一颗平和的心态，无畏任何突如其来的危机。

有句话是说，人最害怕的并不是要发生什么，而是不知道要发生什么。做最坏的打算就是对这种害怕做出的一种心理防守，也正如卡耐基所说："当你学会接受了最坏的结果，你才能把专注力放在当下不计结果地努力，这样得到的结果往往是最好的。"所以，当你因为害怕失败而迟迟不敢冒险前进时，那么先对你的行动作一次预测吧，做出最坏的打算，那么所有的心理障碍都能得以解开。

第三章

成就：点石成金的强者法则

在天才和勤奋之间，我毫不迟疑地选择勤奋，它几乎是世界一切成就的催生婆。

——爱因斯坦（美国科学家）

假如你不能改变自己的态度，你不会享受工作上的收获和满足，原因就在于，痛苦地工作总比不上快乐地工作更有成效，更能获得更大的成就。

——安东尼罗宾（美国演说家）

基利定理：成功者之所以成功，只不过是他不被失败左右

法则精义：基利定理是由美国著名管理者拉里·基利。它是指每个人如若想干出一番惊人的业绩，一定要具有面对失败坦然自如的积极的态度，千万不可一遭遇到挫折便落荒而逃。否则，你永远都会与成功无缘。也就是说，你要想成功，必须先容忍失败，而且心态也不被失败所左右。

应用要诀：很多时候，我们的失败，并不因为外界环境糟糕，而是因为败给了内心的恐惧和懦弱。所以，要获得成功，不被失败所左右，首要的一点就是要战胜内心的恐惧；

要想不被失败左右，就要看淡成与败、得与失，将它们看成人生的一种经历，并懂得与它们为友，你便获得了不可摧毁的心理优势，便不会因为失败而一蹶不振。

多数的失败，是输给了内心的恐惧

在古罗马帝国时期，有一位特别优秀的弓箭手叫奥塞·迦太基。他射出的箭百发百中，从来没有失手过。为此，人们争相传颂他的高超的射技，对他也十分敬佩。后来，他的美名也传到了罗马国王的耳朵中。国王就命他进宫亲自表演，并对他说："今天请你来是想请你展示一下你精湛的射技，如果你射中了远处的那个目标，就赐给你万两黄金；如果射不中，就让你去做苦力。"

奥塞·迦太基听了国王的命令，竟然一言不发，神色马上开始

变得激动起来。他取出一支箭搭上弓弦，但是心中只是想着能否射中，这可关系着自己的命运呀！当开始发箭的那一刻，一向镇定的他呼吸变得急促起来，拉弓的手也开始抖起来，最终箭落在离靶心几尺远的地方。

旁边的一位内阁大臣叹道："看来一个人只有真正地战胜了自我，才能成为真正的神箭手呀！"

其实在生活中，每天都在上演着奥塞·迦太基的故事，与其说他们是败给了技艺不精，而是败给了自己，败给了内心的恐惧，败给了基利定理，即内心太容易被失败给左右。

加拿大心理学家汉斯·塞耶尔在《梦中的发现》一书中指出，人的身体及大脑中所包容的能量，犹如原子核的物理能量一样巨大。人类约有90％~95％的潜能都未得到开发和利用，我们每个人身上都蕴藏着巨大的潜能，这种潜能能让人无所不能。依照这样的理论，生活中我们所面临的绝大多数困难、挫折、挑战应该很容易被克服或解决掉才是，可多数人的人生并不如我们想象的那般顺利。他们很容易为一点小小的困难、挫折而理所当然地接纳失败，给人生画上"休止符"。他们的失败，不是败给了别人，而是"输给了自己"，输给了自己内心的恐惧。

日本著名的佛教学者铃木大拙在其著作中曾讲过这样一个故事：

一个著名的茶师要到京城去办事，为了保证行路过程的安全，他就在腰上挎了一把剑，扮成了武士的样子。只是怕什么就来什么，在行途中他遇到了位浪人，并向茶师挑衅说："你也是武士，咱们比比剑吧！"茶师说："我不懂武功，我只是个茶师。"浪人说："你不是一个武士而穿武士的衣服，就是有辱我武人的尊严，你就该死在我的剑下！"

茶师一想，躲是躲不过去了，就说你容我几个小时，等我把要办的事情做完，今天下午我们就在池塘边见。浪人答应了。

这个茶师便直奔京城中最有名的大武馆，他看到武馆外面聚集着成群结队来学武的人，茶师直冲进去，对里面的大武师大喊说："求您教我一个最体面的死法吧！"

里面的一位大武师很是吃惊，说来我这里的人都是为了求生，你是第一个求死的，这是为何呢？

茶师便把他与浪人相遇的情形复述了一遍，然后说，我只会泡茶，但是今天要跟人决斗了，我只想死得有尊严一点。

大师武说，那好吧，你就再为我泡一遍茶，然后我就告诉你办法。

茶师很是伤感，他说，这可能是我在这个世界上泡的最后一壶茶了。于是，他做得很用心，很从容地看着山泉水在小炉上烧开，然后将茶叶放进去，洗茶、滤茶，再一点点地将茶倒出来，捧给大武师。

大武师一直看着这个泡茶的全过程，他品了一口说，这是我有生以来喝过的最好喝的茶了，我可以告诉你，你不必死了。茶师说，你要教给我什么吗？

大武师说，我不用教你，你只要记住用泡茶的心去面对那个浪人就可以了。

这位茶师听罢便去赴约了。浪人已经在那儿等他，见到茶师，便即拔出剑来，你既然来了，那我们开始比武吧！

茶师一直想着大武师所说的话，就以泡茶的心面对这个浪人。

只见他笑着看定了对方，然后从容地将帽子取下来，端端正正地放在旁边；再解开宽松的外衣，一点点地叠好，压在帽子下面；

又拿出绑带，把里面的衣服袖口扎紧；然后将裤腿扎紧……从头到脚不慌不忙地装束自己，一直气定神闲。

对面这个浪人越看越紧张，越看越恍惚，因为他猜不出对手的武功究竟有多深。对方的眼神和笑容让他越来越心虚。等到茶师全部装束得当，最后一个动作就是拔出剑来，将剑指向了半空，然后就停在了那里，因为他也不知道，再往下该怎么用了。

此时浪人扑通就给他跪下了，说，求您饶命，你是这我辈子见过的最有功力的人。

什么样的茶功使茶师取胜呢？就是心灵的勇敢，是那种从容、笃定的气势。

故事中的茶师并不会武功，但是其心灵的勇敢，与不被失败左右的从容的心态，让他免去了一场人生灾难；而那位武功高强的浪人，其实在害怕的一瞬间，内心已经开始被失败左右，失败也就成了一种必然。

人很多时候的失败，并非败给了对手，而是败给了内心的害怕。人在害怕的一瞬间，你的心理已经处于弱势地位了，这时就算你拥有再高明的技艺，也注定了失败的结局。所以，人要战胜困难，首要的就是要战胜自己，战胜内心的恐惧和懦弱。

与失败为友，你便拥有了不可摧毁的心理优势

根据基利定理，一个人成功的关键在于不轻易被失败所左右。不被失败左右的关键，在于调整好个人的心态。正如股神巴菲特说，出问题的往往不是一个人的能力，而是他的心理。你若能时时与失败为友，将失败看成个人经历中的一部分，或者能时时从失败中汲

取教训，以更好地指导以后的行动，那么，加在你心理上的种种恐惧、懦弱等也就自然地解除了。

在20世纪60年代中叶，美国通用电气公司一位年轻的工程师独立负责一项新的塑料的研究。正当这位工程师踌躇满志地准备大干一场的时候，不幸的事情发生了：实验的研究设备突然爆炸，这致使三千多万美元的实验设备连同厂房瞬间化为灰烬。面对爆炸后一片狼藉的现场，年轻的工程师几乎面临精神崩溃的边缘。他想，自己在通用公司的梦想和历史也就此结束了。他非常地沮丧，忐忑不安地接受了通用总部派来调查事故的高级官员的谈话。没想到的是，这位高级官员问的第一句话是：我们从中得到了什么没有？年轻工程师先是一惊，然后回答：我们这个试验行不通。调查官员说：这就好。最怕的是我们什么也没有得到。

一场惊天动地的"重大事故"就这样解决了。这位年轻工程师就是日后带领通用电气公司实现了二十年高速增长、被誉为世界第一CEO的杰克·韦尔奇。

无论对于个人，还是企业，基利定理都有极为重要的指导意义。为此，一些伟大的人物都将"将失败当养料"当成自己人生的座右铭，一些传大的企业也曾将"不惧怕失败"作为企业家精神的重要内涵来讨论。他们认为，为了探索一些新的方式去提升效益，应当允许失误与失败。所以，一些成功的企业家从业不用"失败"这个词。在他们看来，这正如滑雪、溜冰一样，摔倒了爬起来，从中你又学到了一点经验。其实，这个世界上没有真正令人害怕的东西，你所害怕的只是你内心弱势的一种反映罢了。很多时候，当困难没有真正来临，我们就事先在内心向自己"投降"，甘受命运的摆布。

卡耐基先生说："但凡成就非凡之人，都有勇往直前，藐视困难的气概，他们都是大胆的、果断的，他们的字典上是没有'惧怕'两个字的。"卡耐基所描述的这种勇气就是内心的强大所拥有的力量。当别人看到的是无法逾越的障碍时，对他们来说却是需要克服的挑战。

1914 年，托马斯·爱迪生的工厂被烧成灰烬，独一无二的模型被毁，并造成2300 万美元的损失，爱迪生的反应很简单："谢天谢地我们的错误都被烧毁了，现在我们可以重新开始了。"

一个 6 岁的黑人孩子叫杰克逊，他每天都要练习唱歌，为此邻居嘲讽他说你唱得太难听了，即便吼破嗓子也不会有人称赞。孩子不以为然，笑着说像你这样的话我经常听到，但是这些话一点也不能阻挠我继续唱歌，因为我从唱歌中得到了快乐，所以我永远不会放弃唱歌。就是在这样的坚持中，杰克逊成就了其非凡的音乐才能。

这就是内心强大的力量，这样的人才是无坚不摧的，他们拥有强大的心理优势，在人生的任何时候都不怕从头再来，在每一个看似极低的起点上，他们都能创造出惊人的奇迹。

内心强大者都有一种极为开放的意识与开放的心态，对于任何不同的声音，他们都能够认真地听进去，能够用自己的头脑再想一想，对自己自信的东西仍旧能保持一份警惕。因此，他不会拒绝去听一听，想一想不同的声音。但是，由于他的内心的强大，他也不会一听到不同的声音就焦虑不安，就立即改变自己的想法，而且是在不同的声音面前，学会用逻辑、常识、常理、直觉、经验及科学的方法再重新检验一次。为此，内心强大者从来不会随意质疑自己，更不会因为害怕而不敢挑战，他们拥有强大的自信心，能促使他们无往而不胜。

看淡得与失，才更容易做到极致

人之所以会被"失败"所左右，多数情况下，都是将得与失看得太重。为此，要想使基利定理得以实施，驱赶内心的恐惧，就要学着去看淡人生的"失"与"得"。世上有许多事情的确是难以预料的。得也好，失也罢，总是相生相伴的。当好事降临时，不狂喜，也不要盛气凌人，把功名利禄看轻看淡一些；当祸事侵袭时，不要悲伤，也不要自暴自弃，把厄运挫折看开一些，也许厄运不经意间能为你带来福气。这样，我们才能在波折中多一些淡定。

2008年温布尔登网球公开赛中，郑洁这个排名世界133位的外卡选手一路横扫数名种子选手，顽强地挺进了半决赛。在温网131年的历史上，这是破天荒的。

在击败头号种子伊万诺维奇的赛后采访中，郑洁回应道："今天我打得非常放松，每个球都打得很放松，每个球都打得很好。"记者询问："你为什么可以这么放松？"郑洁说："因为她是顶尖球员，所以我是带着享受的心态去比赛的。我觉得作为运动员，输和赢都不重要，关键是你是否享受到了比赛带给你的激情体验。"

只有看淡"失"，才能以享受、愉悦的心态去享受过程，才更容易"得"。一位哲学家说，人生犹如钟摆，总是在得与失之间来回地摆动。其实想想，人生就是一个过程，如果你带着享受的心态去对待一切，那么很容易在轻松的状态下得到意外的收获。

二战期间，一个飞行员身负重伤，被医生宣布必死无疑，但他奇迹般地活了下来。他说："现在能多活一天，都是捡来的，所以我无所顾虑。"战后，他开创了自己的事业并获得了成功。而经验就是他从不考虑输赢成败这些与工作无关的影响因素，只专注于做好每一件事。

人生一生，无论比赛也好，经商也罢，总是在得与失之间循环，当你不在乎"失"的时候，往往另有所得。只有真正地认清楚了这一点，就不致为失去的追悔莫及，就能够活得心安理得。

一位哲学家说，一个人最高的境界，应该是明白其实这个世界上本无得失。但是人们往往深陷这种纠结之中，不是为得欣喜若狂，就是为失一蹶不振，这实在是自讨苦吃。当你把"失"不当一回事时，自然就"得"到了。其实，无论在何领域，只要保持一颗平常心，把得失之心置之度外，就很容易能获得非凡的成就。

一个人只有将"得失"心置之度外，才能专注于自己的事业，才能沉浸于其中，自享其乐，成功的道路就是为有这种心态的人铺就的。所以，生活中，当你因为太看重"得失"而跃跃欲试不敢轻易尝试、冒险的时候，那就先学着去调整自我的心态，看淡"失"，也别太计较"得"，这可以助你成就非凡的成就。

廷克定律：欲往高处走，须向高处看

法则精义： 廷克定律的提出者是英国管理学家哈罗德·廷克。他认为，如果一个人处于第二的位置，他就总会想着努力去争取第一。也就是说，如果一个人一旦处于第二的位置，便会自然而然地产生一种居于上游的荣誉感，会自然地产生不甘落至下游的心理；同时，因其距离"第一"只有一步之遥，便会产生一种追求第一的激情。

应用要诀： 廷克定律告诉我们：1. 要想往高处走，必须向高处看。当你处于高位时，你就会自然地滋生一种向上的竞争意识，从而促使自己变得更强，位置站得更高。

2. 在同行业或单位中，要么做第一，要么做第二。否则，就容易退出人的视线或记忆，被人所遗忘。对于企业而言，也是如此。在美国有"第三品牌难存活"的说法。美国的汽车市场被通用、福特独霸了近一个世纪，位居第三的克莱斯勒虽然也有自己的优质产品，但还是难以存活，最后不得不在 1998 年被奔驰吞并。

3. 当然，廷克定律并非仅仅对"第二名"的人有启示意义，这里的"第二"并非问题的关键，而强调的是要勇于进取、全力以赴。任何一个具有"向上看"心态的人，即便没有走向顶点，结果也差不到哪儿去，这也是廷克定律的真正含义。

"宁做凤尾，不当鸡头"：要做凤凰，必先与凤凰为伍

廷克定律旨在告诫我们，一个人要想往高处走，必须有一颗不断向上的进取心态，这种心态会促使你不断地学习和充电，从而成就最好的自己。但是不断向上的进取心态，也是需要你所处的外界环境或者与你周围的人去塑造的：当你处于第二的位置时，你就会自然而然地产生一种居于上游的荣誉感，会自然地产生不甘落至下游的心理，这种心理会促使你超越自我，变得更好。这就与我们平时所说的"宁做凤尾，不当鸡头""要做凤凰，必先与凤凰为伍"是同一个道理。

晓英自小聪明好学，在 2003 年参加中考时，分数离上县里最好的高中——县一中差了不到 5 分。当时她想着：这个成绩，如果进普通高中，一定会是尖子生。既然这样，何必非要去一中呢，去了

名将肯定排在后面，那是一件丢面子的事。可就是这种"宁当鸡头，不做凤尾"的决定让她极为后悔。

后来，她进了一所普通的高中，成绩算得上是第一梯队，一直稳定在班级前三名，高考发挥也算正常，不过还是将就着考了一所没名气的当地三流大学。而当年一中的学生，被北大、清华录取了好几个，其中80%的学生都考上了一本大学，剩下的20%考的大学大多是二流大学。晓英所在的普通高中，重点大学的录取率还不到5%，20%的学生刚好能过本科线，其余的多数都上的是专科。也就是说，即使是晓英那样的好学生，还是在重点大学的门外徘徊。

后来晓英将自己高考失利的主要原因归结为两个字：环境。跟凤凰在一起学习，你也可能会变得凤凰，哪怕是飞得慢一点。如果你是只凤凰，在鸡窝里待久了，也不会飞了。

之后晓英参加工作后，也面临着同样的选择。当时她应聘的单位有两个岗位可供她选择，一个是技术难度比较大的岗位，需要去学习很多知识，周围的同部门同事都是一些重点大学毕业的前辈；另一个是技术难度稍微小一点的，只要付出一点努力就可以胜任的岗位，相对来说竞争压力较小。当时的她也是本着"宁当鸡头，不做凤尾"的心理，选择了第二个岗位。多年过去了，晓英居然因为业务不熟练被公司裁员了。而当年与她同时入职的，选择第一个岗位的同事，因为前几年的技术学习和知识积累后，很快地身价飞涨，成功跳槽到更好的公司，工资不止翻了几倍。

巴菲特曾经说过一句话：你最好是跟比你优秀的人混在一起，和优秀的人合伙，你也将不知不觉地走向那个方向。现实就是如此，为了一时的安逸，压力小，竞争小，得到的就是个人能力的慢速提升和平庸的思维方式与心态模式。

"欲往高处走，须向高处看"，而这种"向高处看"的心态模式，往往是由你身边的环境，或者更确切地说是身边的人决定的。与什么样的人在一起，你就会有什么样的人生。因为它们的行为、思维、眼界、格局都会在不知不觉中影响你，甚至改变你的人生轨迹。和勤奋的人在一起，你不会懒惰；和积极的人在一起，你不会消沉；与智者同行，你会不同凡响；与高人为伍，你能登上巅峰。

心理学家研究认为，人是唯一能够接受暗示的动物。和优者为伍，你对他的成功就会像对待自己的成功一般充满热情。随着时间的推移，你会在心中塑造出自己以及那些和你相似的人的形象。你会采取和这些人相同的价值、态度、行为、思想、意识形态以及信仰。学最好的别人，做最好的自己，学智人之智，成就自我，这也是一条成就自我的成功之道。

要想长久存活，必须主动参与竞争

廷克定律说明了"向上看心态"——竞争意识对激发生命个体崛起的重要性，而一个组织的发展和崛起也遵循此理。当一个企业被灌注了强烈的竞争意识，其便有了强大的动力功能，它能够极大地调动内部每个员工的积极性、创造性，以发挥想象力，使人的科学技术和潜能得以全面和充分的发挥，从而使整个企业的实力得到全面的提升。要知道，21 世纪是充满竞争的世纪。一个企业如果只知道闭门造车，对其他竞争对手的情况不闻不问，这样的企业的存活期绝对不会长久。所以，只有主动地参与竞争，不断地更新和优化自我核心竞争力，才是保持一个企业获得长久发展的关键。管理者也只有不断地去鼓励员工相互之间参与竞争，才能让整个企业保持新鲜的活力，不致被时代淘汰。

腾讯公司在社交领域的霸权地位，就是其参与市场竞争的结果。

了解腾讯发展历程的人可能都知道，腾讯总裁马化腾做 QQ 的灵感主要源于这款以色列人开发的即时通讯软件 ICQ，而且 QQ 的之前的名字就是叫 OICQ。

1998 年，ICQ 几乎垄断了中国的即时通信市场，而且其背后有强大的团队和公司。而 QQ 则是由马化腾和张志东两人蜗居半年研发出来的，如果只是硬碰硬，QQ 根本就不是 ICQ 的对手，而正是对手的强大，让 QQ 主动去寻求新的出路。真正让 QQ 找到突破，击败对手的是理念和思维。QQ 运用的互联网理念，而 ICQ 运用的是软件理念。单说两点就知道 ICQ 为什么会失败，一是 ICQ 的全部信息存储于用户端，一旦用户换电脑登录，以往添加的好友就此消失；二是 ICQ 通过来自给企业定制的即时通信软件获利。

在社交领域击败 ICQ 后，QQ 很快又面临一个劲敌：微软开发的 MSN。自它进入中国以来，就以高大上的形象示人，毕竟它是微软旗下的产品，有雄厚的资本和用户基数，在 2003 年就已经拥有 3 亿名用户，是全球最大的即时通信平台。

也是在这一年，MSN 进入了中国市场，俘获了一大批白领的心。而此时的 QQ 却危机四伏，当时的腾讯差点就把 QQ 给卖了。为了挽回高端用户的心，腾讯便特地推出了企业版 QQTM，并通过文件断点续传、短信互通、视频会议等一系列技术创新，在中国市场彻底地打败了 MSN。

悉数腾讯 QQ 的成功，主要是其主动参与市场竞争的结果。而自此，腾讯公司从不忘竞争对自身的推动作用，直到后来推出社交软件微信，这是一场"自我革命"。当年腾讯能主动用微信革掉 QQ

的命，实在是了不起的一件事，确保了腾讯在社交领域的霸主地位。现在看来，腾讯当年如果不主动革自己的命，就会被革命，当时的小米的米聊早就准备好了上位。

如今，QQ 的对手屈指可数，根本动摇不了它的霸主地位，要说它最大的竞争对手，那自然是微信，如今用户已经突破 10 亿人，超过 QQ。但是这都是腾讯自家的产品，相辅相成，也是在竞争中不断完成升级的结果。

在商界曾流行这样一段话，颇具意味：如果没有麦当劳，肯德基的汉堡也不可能这么好吃；如果没有可口可乐，百事也不会如此壮大；没有狮子，羚羊永远也跑不快。真正激励一个人或一个企业不断成功和发展的，不是鲜花和掌声，不是亲朋的赞美，而是那些可以置人于绝路的打击和挫折，以及那些一直想把你打败的对手以及虎视眈眈的同行。任何的学习，都比不上一个人在与敌人较量的时候学的迅速、深刻和持久，因为它能使人更为深入地了解社会，接触现实，吃透客户，从而为企业的发展铺就一条成功之路。所以，一个有远见、有格局的企业领导者，一定是会让企业主动参与到市场竞争中去的。

在日新月异的当下社会，企业也好，个人也罢，都需要时时进行一场场的"自我革命"。

正所谓，知人者智，自知者明，胜人者有力，自胜者强。懂得变化，不如善于进化。跟随这个日新月异的世界一起进化，你就能永远立于不败之地。

进化，就是时刻要具有一种归零心态，随时抛弃你已有的成功，匍匐前进。如果你将困难当成一种刁难，你一定会输掉；如果你把困难当成一种雕刻，你就会变得越来越强大。

史密斯原则：如果不能战胜他们，就加入他们中间去

法则精义：史密斯原则，是美国通用汽车公司前董事长约翰·史密斯提出的一条著名的策略型原则。即"如果你不能战胜他们，你就加入他们之中去"。你"战胜"他们，想将他们逐出市场，无非是为了利益；而如果战胜不了，便可以通过"合作"的方式，去获得利益。

应用要诀：史密斯原则给我们的启示是：1. 对于个人而言，如果你难以"战胜"你的对手，那不如就换一种策略，主动与其讲和，两人一起发挥个人优势，实现"双赢"。

2. 对于组织来讲，传统的企业竞争通常是采取一切可能的手段去击败竞争对手，采用的是"有你无我，势不两立"的竞争规则，将对手逐出市场获得大利益；而在新的形势下，传统的竞争方式发生了根本的变化，为了自身的生存与发展，需要与竞争对手进行合作，建立战略联盟，即为竞争而合作，靠合作来竞争。

与对手苦苦"死磕"，互相消耗，不如与其联手合作

史密斯原则告诉我们，对于个人而言，现实中的竞争并非狭义的拼个"你死我活"，而是包含着"你为我用，我为你用"的合作。无论你身处职场，还是商场，如果自知实力不如竞争对手，与其苦苦地"死磕"，在竞争中互相地消耗，不如与其联手去合作，实现双赢。你有可能不会相信，为了能养出更好的羊，有些牧场主竟然选

73

择了与"狼"合作。

有位牧场主养了大批量的羊，但是因为牧场所在的地方有狼，羊群总是受到狼的袭击，今天死两只，明天死两只，羊群的数量越来越少。为此，牧场主也是极为着急，对前来袭击的狼恨之入骨。后来有一次，又有几只羊被狼咬死了，牧场主忍无可忍，就花钱雇人把附近的狼都消灭了。他以为这样做可以高枕无忧，结果没想到没有了狼的威胁，羊变得很懒散，肉质也变差了。当羊出栏后，销路比以前差了很多。

牧场主想不通是为什么，明明是羊越来越多，羊肉却卖不上价钱，赚的钱竟然还不如以前的多。他特意地找到专家去咨询，才知道这都是自己惹的祸。羊失去了天敌，便懒得跑动，肉质自然也会下降，继而影响价格。没有了狼，羊群繁殖得越来越快，对当地的草场也不好。专家的建议是：请狼回来，与狼共处。

无奈之下，牧场主从其他地方买了几只狼回来，将信将疑地等待结果。不出专家所料，狼回来后，羊的肉质上去了，草场也得到了相应的保护，牧场主终于明白了，狼不只是他的敌人，在某种程度上还可以成为他的朋友，乃至合作伙伴。

竞争与合作从来都不是完全对立的，而是相互依赖的，与竞争对手合作或者进行良性竞争，并且在合作与竞争中共同学习和进步，彼此才能走得更远，发展得更好。这也间接地提醒我们；化敌为友，不是对立而是合作，用友好的方式达到双方最终的目的，才是明智的选择。

双赢战略：融入强者，与之共存

史密斯原则告诉我们：战胜对手只是一条途径，利益才是最终目的。19 世纪英国著名首相帕麦斯顿有这样一句话：没有永远的朋友，也没有永远的敌人，只有永远的利益。因此，我们完全可以这么下定论：一个企业有多少竞争对手，就同时意味着有多少合作伙伴。当今时代的商业竞争尽管愈趋激烈，但在方式方法上早已有了根本性的变化。传统的"不是你死，就是我亡"的极端观念已经过时，合作、双赢才是当今商业竞争中的主流观念。对于那些因势单力孤而无力竞争的企业及管理者们，我们也不需要同情，而应当满脸微笑地告诉他们：去找个靠谱的搭档，一起加油吧！

只要稍加留心我们就可以发现，史密斯原则不仅仅被用于那些实力弱小的企业，那些组织成熟、实力不凡的大型企业，也同样会按照史密斯原则来制定自身的发展策略。其实这也不足为奇，按照管理学著名的"木桶效应"，即使再优秀的企业，也会有其发展的短板，这一短板同样会给企业的发展带来极大的限制。因此，寻求合作以弥补不足，同样是优秀企业的必然选择。

商业界的强强合作案例很多，但强弱互补同样可以缔造传奇。微软公司与 IBM 公司的合作就是一个最好的例子。

微软公司最初成立的时候，由于规模太小没有成果，业内几乎无人知晓。后来，在盖茨的领导下，微软陆陆续续地研发了一些办公软件，并将其投入市场，才得微软公司开始为一些人所知，其中，就包括 IBM 公司。但要论规模，就是 100 个微软加起来，也抵不过一个 IBM。但是，盖茨立志要将微软发展成为同 IBM 一样的巨无霸企业，为此，他积极地寻求发展机会。

当时人们普遍认为发展电脑硬件才是正确的，但盖茨坚信电脑软件业务才是市场的主流。当他听说有一家公司研发出了一款名为QDOS 的操作系统时，他当即拍板决定，由微软公司买下这一操作系统的使用权和所有权。在此之后，盖茨又组织自己的研发团队，在旧有的 QDOS 基础上进行改良，最终研制出了一款属于微软的全新操作系统——DOS 系统。可是，尽管系统研发工作已经完成，可实力弱小的微软根本没有能力向全社会推出这项产品。就在微软束手无策的时候，比尔·盖茨果断想到：为什么不能借助 IBM 的力量呢？

于是，盖茨当即联系 IBM 公司，向对方表明了合作的意图。令人意外的是，实力雄厚的 IBM 公司却没有选择拒绝。原来，IBM 公司也一直想朝个人计算机的方向发展，但在软件开发方面，IBM 公司仍然心有余而力不足，迫切需要一个合作的伙伴。盖茨的到来对他们而言，真是刚瞌睡了就有人送枕头。此时的微软公司在软件开发方面，已经有了一定的名气，于是两家公司一拍即合。

签署合作协议之后，盖茨当即带领团队投入 IBMPC 的研发当中，没过多久，这一工作就圆满完成。随着 IBMPC 在市场上的份额越来越高，微软的 DOS 系统也成为行业的标杆。搭乘着 IBM 这艘巨大的舰船，微软公司的发展也越来越快，最终成为最大赢家。

"我一直以为山是水的故事，云是风的故事，你是我的故事，可是不知道，我是不是你的故事"。

微软与 IBM 公司合作的最终结果是双双获利，更成就了微软的今日。在微软与 IBM 合作的案例中，也体现了零和博弈论的观点。面对不断变幻的形势，参与商业竞争的每一位成员，都需要时刻保持清醒的头脑，对自身和竞争者，都要有最为准确的认识。如果固执己见、抱残守缺而不知变通，随时都要面对可能来临的危机，企业也必然不能长久。

企业的管理者们要明白：合作，是建立在彼此互相需要的基础上的；合作的双方，地位也是平等的。即使自身的实力有限，主动寻求合作也不意味着放下身段与自尊。对企业来说，只有利益才是永恒不变的追求，为了追求最大的利益而与对手合作，是每个企业管理者都会面临的选择。只有那些做出正确合理选择的企业管理者，才可称得上睿智。

对那些弱小的公司来说，合作不仅是为了解决自身当下的利益问题，同时也是一个了解对手、学习对手的最佳契机。为了实现更好的合作，双方都需要相互配合，配合的基础就在于足够的了解。一个能够在市场竞争中占据优势和主导地位的企业，必然有着许多过人之处。对任何一个企业的管理者来说，掌握了这一精髓，也就意味着给自身带来了更多物质利益以外的财富。

期望强度：你不成功，是因为你"不想"

法则精义： 期望强度，意即一个人实现自己期望所要达成的预定的目标过程中，面对各种付出与挑战所承受的心理限度，或曰期望的牢固程度。就如古希腊哲学家苏格拉底说的那样，要成功，必须有强烈的成功欲望，就像我们有强烈的求生欲望一样。

假如一个人的期望强度太脆弱，将无法面对残酷的现实或自身缺点的挑战从而半途而废。只有那些一定要成功的人，他们因为有足够牢固的期望强度，所以才能够排除万难，坚持到底，永远不放弃，直到最终的成功。

应用要诀："期望强度"原理说明：1. 内在渴望或者说个人内在能量是一个人在成功路上所有行动的推动力。

2. 绝对的成功是属于那些"没有办法便想出办法，没有领导就让自己成长为领导"的人。所以，你不成功，很多时候只说明你对成功的渴望不够强烈。

奇迹的萌发点：想成功，先提升你的期望强度

几千年前，曾有一个人问苏格拉底："我如何才能获得成功呢？"

智慧的苏格拉底并没有当场直接回答他的问题，而是将他领到了一条小河边，然后将他的头直接按进了水中。那个人出于本能开始不断地挣扎，但苏格拉底一直不放手。那个人拼命地挣扎，用了自己最大的力气才挣脱出来。

这个时候，苏格拉底微笑着问他："你刚才最需要的是什么呢？"

那个人还未从刚才的慌乱中平静下来，喘着粗气说："我最……最需要空气。"

在这个时候，苏格拉底因势利导地对这个人说："如果你能像刚才需要空气那样需要获得成功，那你一定能成功。"

苏格拉底的智慧与期望强度理论，说的是同一个意思：你想要获得成功，必须升级你内心对成功的渴望。可以说，这种强大的渴望，是人生奇迹的萌发点，没有这一点，你很难拥有能量去排除万难、对抗挫败、激发信心，也很容易因为无法坚持而半途而废。

从心理学的角度来描述期望强度，那就是它是左右每个人内心

思维活动的范围，并且还以某种模式规范着自我的思考方式，我们的情感资料都会被"框"在这个模式中——思想的框框在哪里，心念就只能在那里徘徊。也就是说，一个人只要拥有了对某种愿景的强烈渴望，那么其心念就会永久地在那里驻足，那么，最终便能产生巨大的能量、激情、热望，促使人达成愿望，实现个人目标。

很多时候，你自觉自己不成功，多是因为你的期望强度不够，对此，你可以对照下表自测一下你的期望强度。

期望强度	定义	表现	结果
0	不想要	真的不想要或不敢要	很快就会忘记自己曾这样想过
20%～30%	瞎想要	空想，随便说说，只说不练，不愿付出，不知从何说起	很快会忘记自己曾经这样想过
50%	想要	如若有最好，没有也罢了，只有3分钟的热度，遭遇到困难退却，总想着天上掉馅饼	十有八九不会成功
70%～80%	很想要	真正的目标，但决心不够，特别是改变自己的决心不够，等靠思想极为严重，经常认为曾经努力过，没实现就算了	有可能成功，因为运气成功，也因为运气而失败
99%	非常想	潜意识中那一丝放弃念头，决定他不能排除万难，坚持到底，直到成功，付出100%比成功更痛苦	一步之遥
100%	一定要	不惜一切代价，不到黄河心不死，不成功便成仁，目标达不成比死还难受	一定能寻找到成功的方法并去达成目标

当你的期望强度达到100%的时候，你必定成功，只是时间早晚的问题。所以，有一句话是说，绝对的成功者属于"没有办法那就

去想出办法来，没有领导那就让自己成长为领导"的人。这种渴望就像一粒萌发奇迹的种子，它虽会历经磨难，但终会生根发芽，最终会破土而出。

提升期望强度，人生最坏的结果，无非是大器晚成

期望强度理论告诉我们，当你渴望成功像渴望空气一样，那便会激发出内在无穷的能量，它能让你滋生出坚不可摧的毅力、拥有牢不可摧的强大的信念与坚持下去的耐力，而这些因素加在一起，你人生最坏的结果，无非就是大器晚成。当你内心滋生了这种强烈的期望，就像手中握有精良的武器一般，便拥有了无敌的勇气。路途中的所有艰难困苦，都无法阻拦你前进的脚步。

艺术家弗兰克·卡本特在白宫创作《〈独立宣言〉的签署》时，曾经经历了一段非常焦躁不安的时期，他问一名文职官员："与其他将军相比，格兰特留给你印象最深的是什么？"

那位官员回答说："他最突出的特征就是对目标勇往直前的冷静坚持。这种坚持源于他内心对达成目标的渴望，所以他从不轻易兴奋，但是，一旦他盯住了某样东西，低下头耐心地坚持下去，那么没有任何事物能动摇他的意志力。"由此可见，人生若有极高的期望强度做后盾，最坏的结果，也无非是大器晚成。

舒曼·汉克夫人在其事业的初期，曾去拜访维也纳宫廷歌剧团的乐队指挥，想请他试听一下自己的歌喉。乐队指挥看着眼前这位局促不安、衣着朴素的女孩瞅了一眼，毫不客气地对她说："就凭你这个样子，是不可能在这歌剧方面取得成功的！噢，你还是尽快地断了这个念头，回家去买一台缝纫机，做你能够胜任的工作吧！没

错的，你永远也不可能成为一个歌唱家的。"

舒曼·汉克夫人内心有十分强烈的愿望一定要成为一名歌唱家，但是乐队指挥用"永远"这个词将她的一生都否定了。不过，这种否定并没有使舒曼·汉克夫人放弃，反而使她更坚定了自己的信念，她要用自己的成功证明给这个乐队指挥人员看。这种强烈的欲望使她克服了重重困难，最终成为一名成就非凡的歌唱家。

当初那位维也纳宫廷歌剧团的乐队指挥虽然知道许多唱歌的技巧，却不知道舒曼·汉克夫人强烈的欲望所产生的精神力量有多么的惊人。如果他对这种力量稍有了解，就不会轻率地否定这位对于歌唱事业有强烈渴望的女孩。在现实生活中，大多数人都想成功，只是他们认为这个梦想离自己简直太过遥远了，于是就开始安于现状，不再去考虑改变自己现有的生存状态，最终让自己的想法化成泡影。如果你也像这些人一样，对于成功只是想想而已，没有真正地从内心将这种愿望升华为强烈的欲望，那么你在获取财富的道路上就不会有强大的精神力量，最终也很难实现理想。

大凡成功者——那些盯紧目标坚持不懈的人，永远不会停下来怀疑自己是否会成功，他唯一要考虑的就是如何前进，如何走得更远，如何更接近目标。因为他们内心有拥有对目标的强烈的渴望。

谈迁是明末清初的著名的史学家，他在 29 岁时开始编写著名史书《国榷》。在当时，因为家境贫困，买不起参考书，于是就忍辱到处求人，有时候，为了搜集一点点的资料，就带着铺盖与食物跑了近一百里的路。正是他的勇于坚持的性格，在 27 年之后的一天，《国榷》初稿写成了，先后修改 6 次，长达 500 多万字。不幸的是，初稿尚未出版却被盗了。这一沉重打击令他肝胆欲裂、痛哭不已，然而却没有动摇他著书的雄心壮志。他擦干了眼泪，又从头写起。

他不顾自己老年多病，仍旧东奔西走，历经八九载，终于在 65 岁时写成了这部名垂青史的巨著。

歌德曾说："只有两条路可以通往远大的目标：力量与坚持。力量只属于少数得天独厚的人；但是苦修的坚韧，却艰涩而持续，能为极微小的我们所用，且很少不能达成它的目标。"可见，坚持是成就伟大人生的重要性格。而这种个性的塑造，需要内在对成功的强烈的期望作支撑。所以，要想获得想要的，就要提升你的期望强度。

野马结局：成功者的必经之门——情绪管理

法则精义：在非洲草原上，有一种吸血蝙蝠，常叮在野马的腿上吸血。就像在豹子耳边不停烦扰的蚊子，它们吸饱血之后黯然离开，而不少野马却因为它被生生折磨死。对此，动物学家说，蝙蝠吸的血量非常少，远不足致死。而这些野马的真正死因是暴怒和狂奔。它们的剧烈情绪反应是造成死亡的直接原因。为此，人们就将因为一件小事而暴跳如雷、大动肝火，以致用别人的过失伤害自己的现象，称为野马结局。

应用要诀：野马结局告诉我们，管理情绪就是管理人生的开始。懂得管理情绪的人，在很多事情上已经领先了那些容易情绪失控的人一大步。而遇到一点小事便大动肝火的人，是难成大事，也难有大成就的。可以说，懂得情绪管理，是成功者的必经之门。

情绪管理能力，决定着你能取得多大的成就

尼采曾说过：每个生命体看似强大、坚不可摧，却很容易被我们忽视的因素打倒。比如性格上的一个小弱点，或一点看似微不足道的坏习惯等。"野马结局"告诉我们，情绪管理，也是属于那些能打倒我们且容易被我们所忽视的因素。

哈佛大学心理学博士丹尼尔·戈尔曼说："情商的高低决定一个人的其他能力（包括智力）能否发挥到极致，在未来取得多大的成就。"而情商的高低主要指一个人的情绪控制能力，当一个人无法管理好自己的情绪，也就意味着感性情绪很容易控制其理性思维，这样的人，别说要成就大事，就是连混下去都显得极为艰难。

几家著名公司的负责人，在招聘面试时，会故意用一些问题去刁难面试者，有的应试者的情绪很快就会流露出来，而这样的人，首先就会被淘汰掉。这些面试官普遍都认为，无法做好情绪管理的人，说明其缺乏最基本的个人素养与最基本的冷静分析问题、理性决断的能力。这样的人，是难以承担大任的，也是极难有大作为的。

人一生之中，会经历诸多的风雨，面临极多的考验。在面临考验的时候，是最容易出现大错的时候，因为在此时，人也最容易用情绪去代替理性的思考，亦很容易用情绪去代替冷静的决策。一个人用情绪做决策的次数越多，其距离个人的目标也往往会越远，而付出的代价也可能越大。反之，当一个人越少地去宣泄个人情绪，越能够更好地控制情绪，做出的决策往往越理性，距离实现自己的目标也就越近。

可以说，在做决策，尤其是人生或事业的重要决策时，任由情

绪四处宣泄和泛滥，从而代替理性思维，是人生的大敌，只是很多人察觉不到罢了。但凡遇到一点事，或者看到一个与自己的观点不同的人，便立即火冒三丈，怒不可遏，恨不得立即灭了对方。这样的人，十有八九是生活过得极不顺心甚至极为艰难的人——这原本也有因果关系。他们任意地泄宣情绪，让情绪来屏蔽信息，让自己的眼界变得极为狭隘，让自己获得信息的渠道变得极为有限，从而使自己的决策极容易犯错。简单地说，就是在使个人的智商变低，使自己变得更蠢。

真正智慧的人，是怎么做的呢？看到与自己有不同的观点，或者听到新的意见、看法，会默不作声，会通过思考，通过调查研究，做出更为全面的分析与判断。由于其总以包容的态度对待各种信息，时间久了，其分辨力、决断力将都会大大地提升，也更加全面、客观和理性了。这样的人大多是优秀者，他们以做事为主，总能理智地将伤害大局的情绪放在一边，懂得控制情绪，从而做出英明的决策或决定。

当被情绪左右时，请别做任何决定

"野马结局"告诉我们，那些极容易被情绪控制的人，很容易因为一件小事而轻易地毁掉自我。因为他们的理智极容易被情绪所掩盖。为此，在生活中，我们要摆脱"野马结局"的困境，就要谨遵一点：当你被情绪左右时，请别去做任何决定。

对此，心理学家也指出，人在愤怒的时候，智商是最低的。尤其在愤怒的关头，人们会做出非常愚蠢的决定，也会做出非常危险的举动。这个时候所做的决定，90％以上是极端错误的。生活中，很多不理智的决策往往是因为我们没有一个良好的情绪状态，所以要保证自己的人生不后悔，就请别在愤怒时做任何决定。

刚毕业的大学生张勇，很想在媒体广告业大展宏图、一施抱负。但因为缺乏工作经验，多数公司都不愿意录用他。后来几经波折，经亲戚推荐，好不容易到了一家有良好发展前景的广告公司上班。

张勇对该公司的工作环境、人事结构、薪资水平等都很满意，尤其对个人未来的发展充满了信心。因为他是新人，上司为了锻炼他，就让他从最基本的端茶、倒水的工作开始干起。这让张勇很是不满，觉得上司不尊重人才，于是经常生出许多抱怨来。

一次，因为疏忽，张勇在打印文件时将一份重要的文件漏掉了，让客户产生了误解，险些与公司解除合作协议。上司对此很不满，于是就将张勇叫到办公室说道："小张，这点活都干不好，以后重要的工作怎么放心地交给你去做呢？"张勇本来对上司大材小用的行为就有些不满，听到这样的训斥，更是冒火。说道："老子不干了还不行吗？这种低端的工作，你爱让谁干就让谁干吧！"说完，就怒气冲冲地收拾东西离开了公司。

随后，张勇又回到了自己刚毕业时的迷茫状态，在几十份简历石沉大海后，他对自己的行为后悔不已：自己的能力本不差，却因一时的冲动而断送了自己美好的前程。

其实，无论一个人现年几岁，当他在气愤时，其思虑是不成熟的，言语也不懂节制，行为是失态的，仿佛就像一个年幼的孩子一般的不成熟。"人有见识就不轻易发怒。"当一个人在生气的时候，他的智慧、情商、仪态等都会大大地退化，乃至讲出的话、做出的决定往往都会坏事。很多时候，人生关键时刻的成功与失败完全取决于两个字——心情。心情好，则事成；心情坏，事则败。在这里，你需要牢记理性决定的护身符：

（1）凡事先熄火再决定。

人在丧失理智的情况下，所做出的决策一般是违背事物发展的规律的，所以，凡事做决策时，要先平息怒火后再做决定，或者再开口与人交谈，提升决策的正确率。

（2）不急于求成。

任何事物的发展都会遵循其原有的规律，如果你妄想揠苗助长、一夜开花，那就是为失败埋下地雷，总有一天地雷会爆炸。

（3）不在得意时忘形。

人在气愤、生气时容易出错，同时，在得意时也会丧失理智。所以说，在高兴的时候也不要随意做决定，忘形的时候自身的警觉就会减少，失败的概率就会增加。

古巴比伦金钱定律：掌握五条定律，金钱就会流向你

法则精义：古巴比伦金钱定律是享有"全世界首富"盛誉的古巴比伦人在创造和积累大量财富的过程中，总结起来的金钱定律。其包含五个方面：1. 金钱是慢慢流向愿意储蓄的人。每月至少存于十分之一的钱，久而久之可以积累成一笔可观的资产。2. 金钱愿意为懂得运用它的人工作。那些愿意打开心胸听取专业意见，将金钱放在稳当的生利投资上，让钱滚钱、利滚利，将会源源不断地创造财富。3. 金钱会留在懂得保护它的人身边，重视时间报酬，耐心谨慎地维护自己的财富，让它持续地增值。4. 金钱会从不懂得理财的人身边溜走。一眼望去，四处都有投资获利的机会，事实上却处处

隐藏陷阱，由于错误的判断，它们常会损失金钱。5. 金钱会从那些渴望暴利者身边溜走，缺乏经验或者外行是造成投资损失的最主要原因。

法则精义： 古巴比伦金钱定律总结了个人创富的五个关键点：储蓄、投资——让钱去生钱、时间视野、求稳、切忌急功近利。

储蓄，是你积累原始资本的重要方法

巴比伦金钱定律源于这样一个故事：

巴比伦出土的陶砖土中记载着这样一个故事：阿卡德是古巴比伦时期最有钱的人，他的富有让很多人都羡慕不已，因此纷纷前来向他请教致富之道。

阿卡德原来担任雕刻陶砖的工作，直到有一天，有一位有钱人欧格尼斯来向他订购一块刻有法律条文的陶砖，阿卡德说，他愿意连夜雕刻，到天亮时就可以完成，但是唯一的条件是欧格尼斯要告诉他致富的秘诀。

欧格尼斯同意这个条件，因此到天亮时，阿卡德便完成了陶砖的雕刻工作，欧格尼斯实践了他的诺言，他告诉阿卡德说："致富的秘诀是：你赚的钱中有一部分要存下来。财富就像树一样，从一粒微小的种子开始，第一笔你存下来的钱就是你财富成长的种子，不管你赚得多么少，你一定要存下十分之一。"一年后，当欧格尼斯再来的时候，他问阿卡德是否有照他的话去做，把赚来的钱省下十分之一。阿卡德极为骄傲地回答道，他确实照他的方法去做了。欧格尼斯就问："那存下来的钱，你如何使用呢？"

阿卡德说："我把它给了砖匠阿卢玛，因为他要旅行到远方买回菲利人稀有的珠宝，当他回来的时候，我们将把这些珠宝卖很高的价格，然后平分这些钱。”

欧格尼斯责骂他说：“只有傻子才会这么做，为什么买珠宝要信任砖匠的话呢？你的存款已经泡汤了！年轻人，你把财富的树连根都拔掉了，下次你买珠宝应该去请珠宝商，买羊毛去请教羊毛商，别和外行人做生意！”

就如同欧格尼斯所说，砖匠阿鲁玛被菲利人骗了，买回来的是不值钱的玻璃，它们只是看起来像珠宝而已。阿卡德再次下定决心存下所赚的钱的十分之一，当第二年，欧格尼斯再来的时候，他又询问阿卡德钱存得如何？

阿卡德回答：“我把存下来的钱借给了铁匠去买青铜原料，然后他每四个月付我一次租金。”欧格尼斯说：“很好，那么你如何使用赚来的租金呢？”阿卡德说：“我把赚来的租金拿来吃一顿丰盛大餐，并买一件漂亮的衣服，我还计划买一头驴子来骑。”

欧格尼斯笑了，他说：“你把存下的钱所衍生的子息吃掉了，你如何期望他们以及他们的子孙能再为你工作，赚更多的钱？当你赚到足够的财富时，你才能尽情享用而无后顾之忧。”

又过了两年，欧格尼斯问阿卡德：“你是否得到了梦想中的财富？”

阿卡德说：“还没有，但是我已存下了一些钱，然后钱滚钱，钱又滚钱。”

阿格尼斯又问：“那你是否还向砖匠请教事情？”

阿卡德说：“有关造砖的工作请教他们能得到很好的建议。”

欧格尼斯说：“你已学会了致富的秘诀。首先你学会了从赚来的钱省下钱，其次你学会了向内行的人请教意见，最后你学会了如何让钱为你工作，使钱赚钱。你已学会如何获得财富，保持财富，运用财富。"

早在八千年前的古巴比伦人就指出：成功的人都是善于管理、维护、运用和创造财富。致富之道在于听取专业的意见，并且终生奉行不渝。

这五条金钱定律，对当下的我们也具有十分重要的指导意义。做投资首先需要有本金，所以你首先就得学会强制自己定期存钱，即古巴比伦人给出的建议是，每个月留下收入的十分之一，这对很多人来说都不是难事。另外，要积累财富，一定要有时间视野，因为金钱是有时间报酬的，所以，长期投资才是真正可靠的理财之道。投资不可以贪图暴利，须知贪婪才是理财的大忌。为此，要想使你的财富不断增长，就必须掌握这五大金钱定律。

首先要有储蓄理念，这是完成你个人原始资本积累最为重要方法。对此，你需要从以下三个方面去注意。

1. 在你每个月领到工资之后，要做的第一件事就是要定期存款，即至少将你每个月10％的收入存入到储蓄账户之中，当然数额更多会更好。

2. 在存钱之前，要对你这个月的支出做一个大概的估计，将本月要开支的数目从你的工资中扣除。但是对于用来开支的钱，你当然可以毫不保留地花出去，不要有任何的思想负担，因为这笔钱你花得理所当然，适度的花费会为你带来快乐的心情。

3. 任何时候都不要动用你的储蓄，即使遇到困难，也不让自己的存款受到任何影响。因为如果你没有储蓄计划，就会发生这样一个奇怪的现象：你挣得越多，花得也就越多。

要知道，你合理储蓄未必是为了成为像巴菲特那样的成功人士，但是必定也有自己的目的：房子、车子、孩子，或者家业、事业、学业。只要你对财富动了念头，就应该明白这一切不可能从天上掉下来。你可以不投资，但不能不储蓄。想要完成"资本的最原始积累"就要先学会储蓄，因为坚持长期储蓄仍然是积累财富的不二法门。对于我们而言，得到"第一桶金"最靠谱的方式还得是"存"。

时间视野，是导致人与人之间经济差异的主要原因

金钱定律，接下来的四条实际上共同阐述了一个"创富"法则，即要有时间视野，即通过扩大你的视野，获得专业的投资指导，并且重视时间报酬，切勿急功近利。

对此，哈佛大学的爱德华博士，他用差不多半个世纪的时间，一直在研究为什么有的个人或家庭能够从较低的社会阶层上升到较高的社会阶层，有的甚至个人或家庭能从最低级的劳动者的阶层，通过一代人的努力便上升到富裕阶层；为何这种事情只发生在少数人的身上，而不是大多数人的身上。

2015 年，有人统计美国共有 1000 万个百万富翁，甚至有很多是白手起家的。他们在一辈子的劳作中，一跃成为美国的富裕阶层。爱德华博士对此非常好奇，他通过半个世纪的追踪调查，想了解这些人的共同特点是什么。最终，通过大量的数据研究得出了一个极为普通的、不可辩驳的结论就是：一个人的时间视野是实现一个人阶层跃迁的最直接的原因。他将整个社会从低到高分为七个阶层，结果发现，越是上层阶层，其时间视野便会越宽阔。也就是说，经济阶层越高的人，他越会用长期的思维方式来做决策或判断。不管他们来自哪里，有着怎样的教育水平，或者当前的社会地位是怎样

的，在所有的各种条件中，个人"时间视野"的不同，造成了人与人财富的差异。而这正应了那句老话，即"钱不入急门"，也就是说，越是心急火燎地想赚"快钱"的人，也就是"短视"的人，实际上越是赚不到钱。

爱德华通过研究发现，一个人的时间视野和他的收入有着巨大的关联。最低的社会阶层，他们的时间视野通常有几分钟或者几个小时，比如喝得酩酊大醉的时候，他们考虑的只是接下来的一次喝酒的事。他不会再考虑更长远的事情了。而较高社会经济阶层的人，他们的时间视野会有几年或几十年或几代人，大量的事实证明，成功的人士都具有"未来思维"。他们经常思考的就是未来。正如管理学大师德鲁克所说，一个领导者，尤其是商业领导者，最重要的事情就是思考未来。并且，在任何社会，他们都会考虑到未来几年或者几十年的发展愿景。

比如说巴菲特是一位投资大师，他经常做的就是长期思考。身为投资界精神偶像的他，他经常想的就是未来几年或者几十年的事，想的是长期的收入。而现实中的许多股民，多数只想着赚快钱，包括很多人在选择投资项目的时候，总是忍受不了短时期投入得不到回报的事情。所以说，这些人总是会掉进一个又一个坑里。

一个人要想实现财务自由，一定是要通过长期的观点来思考，因为一个人有长远的目标来思考的时候，就能够改变当前的思考和行动的方式。更为重要的是，他能够改变人们的选择。

沃尔森法则：将获取信息放在第一位，财富便会滚滚而来

法则精义： 沃尔森法则是美国著名的企业家 S. M. 沃尔森提出的法则，即指如若将信息和情报放在第一位，金钱就会滚滚而来。

应用要诀： 1. 在现代商业市场中，环境的变化是变幻莫测的，要想在复杂多变的环境中掌控主动权，从而立于不败之地，最重要的就是要获悉各种信息与情报。你需要了解：市场竞争的新变化是什么？竞争对手们都在做什么？他们的应对策略是什么？……只有了解了这些，方能采用有效的行动，抢占先机。

2. 沃尔森法则说明了信息对获得财富的重要作用，但这里的关键是如何去获得信息。在平时的生活中，我们该如何去收集信息，并能从中发现商机，将其转化为财富？

成功者的秘诀：你得到多少，取决于你知道多少

现代社会，随着市场竞争的日趋加剧，信息对财富的作用越来越强。很多时候，当你掌握了信息，就等于掌握了财富密码，便很容易在市场竞争中占据优势地位。在现实中，全世界诸多大佬财富的聚集与商业奇迹的缔造，都源于对前瞻性信息的准确把握。

库鲁特是位著名的商人，也是一位极善于抓住信息、捕捉商机、拓宽创业道路的生意人，他是靠掌握和利用信息登上商业巅峰的典范人物。那么，库鲁特是如何利用信息来赚钱的呢？

原来，库鲁特本身出身于穷苦之家，却天资聪颖，精明能干，

其早在 1993 年就已经创立了自己的公司——里尔蒙公司。初期，该公司只是参与一些计算机和通信的网络业务，它的一个子公司库鲁特精密公司则主要为各大投资公司提供各个行业的市场分析、运作情况、战略方法技巧等方面的信息情报。

在为那些投资公司服务的过程中，库鲁特就有意识地搜集各方面信息，并寻找其中可以为己所用的。一次，库鲁特得知一条信息，那就是电子市场开始出现供不应求的趋势。同时，库鲁特还了解到一条信息，北美有一个叫贝尔曼的人发明了一项技术，能使电子仪器的产量得到大幅度的攀升。库鲁特敏锐地意识到，这两条信息之间蕴藏着巨大的商机。于是，他马上和好友福斯特商讨，福斯特对此也非常认可，两人一拍即合，想要合资创办一家电子制造厂，但是资金不够，需要从银行贷一些钱作为周转。

这时，性格相对保守的福斯特却开始动摇了，他不想冒太大的风险，认为将所有的资金都投到一个地方，还是要向银行借贷，那最后搞不好会倾家荡产的。库鲁特却对自己掌握的信息极有把握，认定这是一个好的机会，应该先下手为强，到时候肯定发大财，值得下注。所以，他便开始力劝福斯特，不断地给他打气，在库鲁特的一再劝说下，福斯特终于恢复了信心，于是，两人便开始分头去找场地。

两人经过努力，在四五天后，福斯特最先找到了城外一块废弃的荒地，在打电话与库鲁特商量之后，他当即买下了这块地。就这样，库鲁特与福斯特合办的工厂在这片荒地上建立了起来，两人的创富之路也算得上开启了。在短短的几年时间内，这家电子制造厂却因为有效的信息做保障，利润直线上升，从 100 万美元、500 万美元一路狂飙到 5000 万美元，库鲁特所拥有的资产也一下升值到上亿美元。

仅依靠两条信息便做出了如此的抉择，库鲁特的做法颇有破釜沉舟的味道，就像他的合伙人福斯特认为的那样，其中的确是有风险的，但那些富有雄才大略的创业者有足够的信心与卓越的判断力，才能将信息变成财富。否则，信息如若不能善加利用，即使知道再多的信息也是无用的。

在现实中，诸多的商人对信息都保持极其的敏感，为此他们也善于抓住和利用信息，这与他们的文化有着极大的关系，尤其是世界上极善经商的犹太商人，他们对信息的重视程度更是闻名全球，他们认为，信息就是金钱，抓住了信息就等于抓住了财富，生意人只有善于收集信息，掌握信息和利用信息，才能在市场中掌握主动权，赚钱也算不上是件难事了。

获取信息的重要方式：保持与人沟通

沃尔森法则警示人们：谁事先获得了信息，谁就掌握了聚集财富的主动权。但这里的关键是，我们该如何去获得信息？或者应该说，我们该如何去获得信息，并将其顺利地转化成财富呢？实际上，在现实生活中，我们获得信息的方式是多种多样的，通过学习获得的，比如借助电视、网络、报纸等种种媒介去获得信息，并加以分析和甄别，再结合自身的优势加以利用，从而完成创富计划。当然，生活中还有一种获得信息的主要方式，就是人际沟通。

美国通用公司总裁杰克·韦尔奇曾说过这样的经典的话："沟通即财富。"在这个信息时代，要想成功，就一定要掌握比别人更多的信息资源。而沟通则成为信息来源的有效途径和载体。

刘昭是一位极为成功的商业精英人士，当有人问及他成功的秘诀时，他这样说道："我的生意之所以越做越大，越做越红火，与自己不断地穿梭于各大朋友圈是分不开的。在朋友圈中，我可以获取更多的商业信息和商业机遇。一个餐桌便是一个小社会，它聚拢了各界人士，可以从中获得更多的在报刊上所不能看到的商业信息。有的时候，参加一次宴会所获的利益要比你埋头苦干十几年所获得的利益还要多得多！"

美国电话电报公司的总经理吉福特，他本是一名小小的店员，后来就是凭借自己极强的沟通能力获得了极大的成功。后来，他常常在向人们介绍自己的成功经验时说道："一个人成大事的主要因素，最重要的就是沟通能力……一点都没错，拥有好的沟通能力是我们事业获得成功的必备条件，也是我们一笔不可多得的无形资产。"

由此可见沟通能力的重要性，它与财富、与成功是密切相关的，掌握了沟通技巧与沟通方法，就相当于拥有了巨额的财富之源。当然了，这里所说的沟通主要是指人际沟通，还有一种方式，就是利用你手中的一切人力资源，多多地营造沟通氛围与沟通环境，让内部的信息流通起来，从而产生财富效益。

杰迅公司是一家主要以生产汽车配件为主的企业，在短短几年内就由一个中型企业发展为拥有上百亿美元的大型企业。之所以有如此快的发展步伐，主要是因为公司领导极为重视与员工之间的交流和沟通。

杰瑞是杰迅一家分公司的总经理，他平时都将与员工之间的交流作为主要工作来做。在其他同类的公司中，企业都会制定厚达几十页的政策指南，而杰瑞则将公司的政策只缩减为一页篇幅的宗旨陈述。其中有一项为：面对面的交流是联系员工、保持信任与激发热情的最为有效的手段。这一条就是让员工了解并与管理层讨论企业的全部经营状况。

作为总经理的杰瑞十分重视面对面的交流，强调同一切人讨论一切的问题。他要求各个部门的管理机构和本部门的所有成员之间每个月都要举行一次面对面的会议，直接而具体地讨论公司的每一项工作的细节情况。另外，他还十分注重与基层员工进行交流和沟通，工作中的每一个细节，他都会仔细地与之讨论，遇到问题还会采纳众人的意见，做出最佳的解决方案。

经过杰瑞与员工的共同努力，在并无大规模资本开支的情况之下，他的员工人均销售额已经猛增 3 倍。这对于一个身处如此不景气行业的大企业来说，是极为了不起的。

在商场上，有效的沟通技巧不仅仅能让人心情舒畅，更能够赢得更多的合作和成功的机会。沟通方式有多种多样，如直接沟通、间接沟通、肢体语言沟通，等等，然而，最为亲切和有效的交流方式就是面对面的交流，由此，你可以最直接地感受到对方的心理变化，能够在第一时间内准确地了解对方的真实的想法，从而达到良好的合作效果。

沟通即财富，是一个有着极为深刻内涵的理念。在事业的迈步阶段，不管你是个人奋斗还是带着一个团队奋斗，有效的沟通都是财富的最佳载体，也是通向成功、创造财富的最佳的方法。这是个信息时代，信息中都蕴含着财富，而欲得到更多的信息，就一定要掌握有效的沟通方式与技巧，如果掌握了这个技能，你就拿到了一张潜力十足的股票，等待你的，将是这只股票十分可观的增值收益！

二八法则：80％的成效取决于20％的努力

法则精义：二八法则是由意大利经济学家帕累托提出的，它所揭示的是事与物间一种不平衡的分配关系，即80％的果是由20％的因产生的，重要的部分只占少数，只要掌控了这一部分，就能控制全局。这就涉及了一个有关投入与产出的关系问题，事实证明，努力和收获之间存在着一种微妙的不平衡的关系，既起关键作用的小部分努力可以给你带来意想不到的巨大收获，只要找准了关键点，你便可以以微小的代价获得巨大的收效，这是二八法则所蕴含的精义。

应用要诀：二八法则主要给我们的启示：1. 做事不在"多"，而在"精"，力度要下在"点"而非"面"上面。在职业规划中同样如此，行动之前，一定要看清自己适合的领域在哪里，然后全力出击，方能事半功倍。

2. 人生是短暂的，生活中的人与事都应有所甄选，不要将时间和精力浪费在无意义或无价值的事情上，而是将其花在那有意义的20％上，往往能带来超过80％的效益，这样的人生无疑是卓越的。

苦干不如巧干：找准关键的发力点，方能事半功倍

二八法则的分配原则其实左右着我们生活的方方面面，比如一个公司80％的利润是由其内部的20％的员工创造的；商家80％的销售额是20％的商品带来的。同样在工作中，80％的成果来自20％的

付出，而剩下的 80％的努力，也就是大部分努力，对成果的影响其实是微乎其微的。传统经验告诉我们不能把所有鸡蛋放在同一个篮子里，而二八法则却告诉我们，我们必须选对篮子，然后毫不迟疑地把所有鸡蛋都放进去，集中所有的精力，把握好 20％的关键因素，就能达到四两拨千斤的神奇效果。

犹太人认为宇宙之中存在着一种 78：22 的法则，世界上的大多数事物都是按这个比率分配的，其中 22％的元素价值含金量远远超过了占绝大多数的 78％的元素。比如在空气成分的构成中，氧气和其他气体占总体的 22％，氮气占 78％，氧气是维持人类生存最重要的气体，可它占有的比例并不高。犹太人把二八法则应用到商业领域上，把精力投放到最值得投入的少数事物上，结果取得了惊人的成功。杰出和平庸之间其实并不存在不可逾越的鸿沟，找准发力点，比埋头苦干更容易让人脱颖而出。

美国保险营销大王弗兰克·贝特格在刚刚踏入保险行业时，业绩十分不理想，为此他感到非常灰心，甚至产生了辞职的念头，不过在离职前，他想彻底弄清自己业绩不佳的原因。回顾过去一年的工作经历，他扪心自问，自己还算是一个合格的保险推销员，他拜访了很多客户，每个工作日都非常勤奋，态度也十分热情，和客户的沟通也不存在什么问题，那么为什么他的签单率这么低呢？

翻开工作记录，弗兰克·贝特格终于找到了答案，原来他所签订的保单 70％是在和客户的初次见面时成交的，20％是在跟客户第二次见面时成交的，仅有 7％的保单是在跟客户第三次到第五次见面时成交的，但他把大部分的工作时间浪费在和客户的频繁接触上，难怪业绩这么差了。

发现问题后，弗兰克·贝特格马上调整了工作方式，终止了对客户的三次以上的拜访，把更多的时间用在了开发新客户上，结果在很短的时期内，业绩就提升了一倍。在二八法则的影响下，弗兰克·贝特格找准了努力的切入点，不再盲目投入，浪费精力，因此仅付出有限的努力就获得了80％的工作收益。

"一分耕耘一分收获"描述的是一种理想的状态，事实上，付出越多未必就能收获越多，仔细观察你会发现像老黄牛一样吃苦耐劳、勤勤恳恳的职场人士，付出与所得往往不成正比，人生前景也不是很乐观。努力工作本身没有错，但是精力要投放到一个关键"点"上，而并非没有主次的平面上，只有这样才能让工作富有成效。抓住20％的重点，胜过做80％的无用功，因为关键性的投入和努力，才会对产出和酬劳产生至关重要的影响。

现代人太过片面强调吃苦精神的重要性，认为只要肯吃苦，就能改写人生命运，可现实往往会给我们以迎头一击，用残酷的事实告诉我们吃苦和成功之间并不是一个等式，苦干比不上巧干，找不准努力的关键切入点，付出再多也看不到实效。遵循二八法则不是投机取巧，也不是走捷径，而是有助于我们把有限的时间和精力投入最值得付出的事情上，它对于我们的职业规划以及具体的工作都具有积极的意义，因此我们必须对它要有一个正确的认识。

只在有价值的事情上耗费精力

二八法则告诉我们，干得多不如干得巧。巧干，会让你仅付出20％便能收获80％的结果。所以，一个聪明的人，无论做自我规划、干工作，还是做投资或达成一项目标等，都会事先考虑：哪些行动的收益最大，所需的努力最少？他们会将注意力或精力放在"重要"

的事情上，或者说他们只在有价值的问题上去耗费精力。

我们完项一项工作或达成一个目标，其中80%做的都是"无用功"，比如自我情绪的干扰，或者周围环境的干扰等会耗掉我们多数的时间与精力，而高效达人则只会将精力用在有价值的事情上，他们不会在无关紧要的小事上斤斤计较，更不会在不重要的事情上浪费任何时间，所以，他们的人生"收益"是高效的。

在工作的五六年时间里，刘寅在单位被人称为"精力收纳狂"。在他离开第一家公司时，老板曾对他三度挽留；与第二家公司分道扬镳后，经理用三个人填补他原先的岗位空缺；在当下的单位中，他也被同事称为"高效达人"，从大学毕业到现在已有6年，其从一家公司的小职员到市场总监，再到如今的部门经理，薪水更是翻了十几倍，以致周围的诸多朋友都将她视为"职场榜样"。

刘寅的成就主要源于自己的"高效"，她每天除了顺利地完成当天的工作任务外，其每周都会保证自己阅读3～4本书，大部分工作日下班后就直接奔菜市场买菜做饭；她想健身，因为没时间去健身房，所以就在家里置办了跑步机、健腹机等健身器材，可以抽出更多的时间来锻炼。尽管每天都会加班，但是她还是会抽出时间去博物馆当志愿者。很多同事曾问他精力为何总能分配得那么好，刘寅说道：在任何时候都别让无所谓的事情去分散你的注意力、耗费你的精力，具体来说，她会把淘宝网页设置成受限站点，上班时间不要网购；在做需要注意力高度集中的重要任务时，把手机都调成飞行模式；路过茶水间的妈妈帮、相亲团聚众闲聊时，不宜久留；业余时间做自己喜欢做的事，累积的正能量使她总能顺利地跨越各种人生的"苦厄"。

事实上，成就大事者，都是不轻易在"毫无价值"的事情上浪费和耗费精力的人，他们只将精力放在重要的事情上，从而使人生获得极大的收益。他们能合理地分配时间，有着极高的情商，能很好地控制自己的情绪，不会因为情绪问题而置自己于焦虑、忧虑、担忧和痛苦中，他们只将专注力放于"当下"，从而能获得80%的收益。

真正重要的从来不是努力做什么，而是沉下心来，避免80%的干扰，去将20%的重要事情做好。所以，他们总能让"成果"最大化，让生命的精力"最优"化，从而支撑起一个"伟大和卓越"的人生。

纳尔逊原则：完美的小事成就大事

法则精义：纳尔逊原则是由美国卡尔森公司首席执行官M.纳尔逊提出的，即指小事不可小看，细节方显魅力。他主张从小事开始做起，点点滴滴也能汇聚能大河。做好事情都要以量变作为质变的前提，每一次踏实的一小步，将是企业经营和人生旅途上的大成功。也正是这一份份平凡的工作和一件件不起眼的小事才构成了大成功。

应用要诀：纳尔逊原则告诫我们：1. 对于个人来讲，不要忽视不起眼的"小事"，很多时候，小事都是你成就大事的基础。对于年轻人来说，切不可眼高手低，而要以踏实肯干的心态让自己脱颖而出。

2. 对于一个组织或管理者来说，一定不要忽视任何"细节"。很多时候，成就企业的往往是"细节"，而毁掉企业的也可能恰恰就是"细节"。

别让眼高手低害了你

纳尔逊原则在个人领域中的应用就是，不要忽视任何细小或不起眼的工作，它有可能是成就你的基础。很多时候，成就一番大事业，需要一个漫长的过程，就像参加一场马拉松比赛，有初赛、复赛和决赛。初赛的时候，大家都刚刚进入社会，实力一般，这个时候，你一定要摆正心态，稍微努力、认真一点就可以让自己脱颖而出，所以，很多人在 20 多岁就做了经理。要想成为这一群人中的一员，最为重要的就是要能够从小事做起，做他人不愿意做，做别人认为最低下、最卑微的事情，千万不能眼高手低，做好每一件小事是你赢得初赛的资本。

生活中，经常看到这样一群人，他们在任何一家公司待的时间都很短，他们的年纪不小，但永远是职场上的新人。他们总是觉得自己能力超群，不能受到重用，无可奈何之下，就离开再跳槽到另一家。几年下来，没有练就一项专业特长或技能，没有积累任何经验，最终一事无成。这些人在工作的时修，往往瞧不起那些小工作，即便是做了，也不是心甘情愿，总觉得自己被屈才了、受委屈了。结果大事没做好，小事也干不了，什么成就都没有。这种人往往自认为自己身怀雄才大略，却因为缺乏踏实、肯干的心态无法受到领导的器重。然而，可以试想，一屋不扫，何以扫天下？小事情做不好，如何做成大事情呢？想做大事，就一定要有做大事的能力和心态，而这种能力则是经过一点一滴的不断积累而成的，并非学到什么就可以马上用到工作中来。如果你每天总是想着一些不切实际的"大事"，不仅实现不了你的雄心壮志，连自己的饭碗都有可能保不住。

饭要一口一口地吃，仗也要一场一场地打。即便你想受到重用，也要从小事情做起。如果总是眼高手低，最终只能以失败告终。

天上不会掉下馅饼，从来没有不需要付出任何辛苦努力的工作，也没有唾手可得的收获。工作需要你付出体力、智慧和时间。只有乐意主动吃苦，锻炼自己，才有可能得到应得的利益。你的吃苦耐劳带给企业的是业绩的提升与利润的增长，而带给你自己的则是知识、技能、才干、技能和经验的积累和增长，还有源源不断的机会。当然，还有源源不断的财富的增长。

高奋是一家大型机械生产公司的董事长，在过去十几年的经验积累之中，他将自己规模不大的厂子发展成为当下的上市公司。在接受媒体采访时，他深有感触地说起了自己的成长经历：

在刚刚毕业上班的时候，我只是一个车间实习生。公司从原材料、制浆、再生产到出厂，所有的生产流程一共有25个车间，我被安排到其中的10个重点车间去实习。主要目的是进一步了解公司的情况，熟悉公司的设备运作与生产流程，同时还要与职工交流沟通，参加各种体力劳动，经受各种酷暑和体力劳动的考验以磨炼自己的意志。我豪情万丈地开始了学习，因为我觉得我需要这样的一个锻炼和接受考验的机会，这是我在公司站稳脚跟的基础。

我在车间开始一丝不苟地工作，十分注意观察和了解公司的工艺流程、掌握生产原理，与员工聊天并不断地拉近与他们之间的距离，我会动手做搬运、推车、打件等极为细微的工作。我实习车间的温度高达50摄氏度，每天早上六点多钟就进车间，不到几分钟，衣服就会被浸透，一天要换几件衣服。但是我觉得正是那一个月的辛苦，才让我更彻底、更详细地了解了公司的运作流程以及各个部门的生产细节，这为我以后改进生产工艺奠定了坚实的基础，也是我将企业做大做强的基础。

由此可见，一个人的才能和经验都是从基层的各种细节工作积累的，只有脚踏实地，一点一滴不断积累，才能够一步一步地迈向成功。

阿里巴巴首席执行官马云曾经有过这样的一番精辟的论断："所有的 MBA 进入公司之后，首先都要从最基层的销售员做起，如果在6个月之后能够坚持下来，就可以继续留任。因为我想给他们更多的时间进行历练，只有沉得低，才能够跳得高。"

其实，这个世界上从来就没有什么世外桃源，任何工作都不如自己想象的那么完美，也都有不尽如人意的地方。作为一个有责任的人，要正确地对待工作中出现的一些问题、挑战，勇于从小事做起，敢于吃苦，在小事中不断地提升自己的能力，才能迎来更加美好的职业前景，最终的理想才能得以实现。

别忽视任何"琐事"

企业就像一台不停运转着的精密仪器，任何一个环节的疏漏，都会导致整体的溃散。在企业的营销管理之中，管理者必须对工作的每一个细节保持最大限度的重视和用心。小事虽然毫不起眼，但如果能够做到事事完美，营销工作也会取得不菲的成绩。

纳尔逊原则的提出者纳尔逊认为，无论企业管理者有着何等的雄心壮志，落到实际工作中，都应该从小事做起。任何一件大事都是以小事的量变为始、质变为终，每做好一件小事，才能离成功更进一步。从这个意义上看，小事其实压根儿就不小。

在那些优秀的企业管理者的成功宝典中，"细节"二字必然是被勾了红叉、重点标明的。因为他们懂得：成功并非一蹴而就，任何一个企业想要壮大，都必须从那些看似轻易或琐碎的事情开始。正是这些微不足道的"小事"，才构成了工作的全部；忽略了这些"小事"，也就与成功背道而驰了。这一点也正是纳尔逊原则给所有企业管理者的提示。

沃尔特·迪士尼是美国迪士尼公司的创始人。在沃尔特看来，正是那些琐碎的细节对追求卓越的目标才有着非凡的重大意义，只有重视细节，才是实现梦想的关键。

沃尔特的这一理念，在迪士尼公司的日常工作中，得到了完美的贯彻。为了使自己的观众能够享受到最神奇的体验，迪斯尼公司在细节方面，倾注了大量的心血。尤其是在动画电影方面，对细节的注重更是成为迪士尼的一大特征。比如，在《白雪公主与七矮人》这部电影中，有一个水珠从肥皂上滴下来的镜头，观众如果仔细观看，就可以看到在烛光中，有闪闪发光的泡沫在闪烁；通常情况下，别的电影中并不会把镜头做到这样细致。但就是这样一个微小的细节差异，给观众带来了截然不同的视觉体验。事实上，滴水的镜头看似微小，要做好却并非易事，唯有那些技艺极其熟练、才华横溢的艺术家才能完成。迪士尼公司之所以能做好这一细节，是花费了重金聘请专业人士才完成的。

迪士尼对细节的重视更体现在迪士尼乐园的任何一个角落。在构建迪士尼乐园的时候，沃尔特特意定下了种种要求。在迪士尼乐园，垃圾桶必须每隔25米摆放一个、刷过山车的油漆粉也必须采用优质的。沃尔特甚至不惜用真正的金粉和银粉来粉刷建筑物，还专门雇用人员在乐园里巡逻，确保公司的所有颜色都协调一致。

有一天，沃尔特在迪士尼丛林旅游了一个景点，过后却十分生气。原来，广告牌上说这趟旅程需要 7 分钟，但经过他的计算，时间只有 4 分钟。沃尔特认为这样不仅没有达到迪士尼的质量标准，更会让游客觉得自己受到了欺骗。于是他当即要求加长这趟旅程的时间。

迪士尼公司也把注重细节这一观念，灌输给了所有的员工。在迪士尼公司有一项为期一周的"交叉上岗"制度，在这一周内，所有的主管都必须脱下制服，换上各种道具服，在几百个基层岗位中任意挑选，借此听取游客的意见，并检视所有角落中可能存在的问题。即使是清洁工人，也要在入职前接受为期 4 天的培训，以确保他们能够在游客面前表现出热情、和蔼的态度。

在《荀子》当中有一句话："不积跬步，无以至千里；不积小流，无以成江海。"这句话可以看作对纳尔逊原则的最佳阐述。从沃尔特与迪士尼的成功案例中，也很好地印证了纳尔逊原则的道理。

因此，我们必须严肃地建议所有的企业管理者：睁大自己的双眼，擦亮自己的双眼，打起十二分的精神，去正视那些让自己头大的琐事吧！尽管这些事情看起来那么无聊，又那么煎熬，但如果不去跨越，企业的营销工作也就无法尽善尽美。尽管管理者需要为此付出更多的智慧与心血，但除此以外，他们别无选择。

对于管理者来说，营销工作攸关企业的生命，细节决定了企业的存亡。每一个细节都不会孤立存在，而像多米诺骨牌那样环环相扣；又或是像投石入水，波纹千层，震荡满池。在竞争激烈的市场中，只有用足够的细心来应对细节，才能赢来真正的成功。

第四章

蜕变：哪怕痛入骨髓，
也要保持向上的力量

既然我已经踏上这条道路，那么，任何东西都不应妨碍我沿着这条路走下去。

——康德（德国哲学家）

人生并非游戏，因此我们没有权力随意放弃它。

——列夫·托尔斯泰（俄国作家）

布里特定理：为什么成功者都懂得推销自己

法则精义：布里特定理是由英国广告专家 S. 布里特提出的，即指商品若不做广告，就如同多情的姑娘向心仪的小伙子眉目传情、暗送秋波一样，那一份悸动的情愫只有她自己知道。

应用要诀：1. 布里特定理讲的是商品广告和推广的重要性，而实际上，在当下的信息时代以及未来的智能时代，商品需要广而告之。对个人发展而言，一个人要想成功，更需要去推销自己，以提升自己的影响力和知名度。

2. 布里特定理讲的其实是"酒香也怕巷子深"的道理。在当下的信息化时代，好的营销或广告，可以成就一个产品或一个人。而一个好的产品、一个有才华的人如若不去营销，则很有可能被埋没。

商界精英都是推销高手

有人说，如果没有乔布斯那样布道式地发布演讲，苹果产品的销量可能没有今天这般好；褚橙如果没有其创始人褚时健老当益壮的感人故事被赋予励志和上进的光环，也许其也会像普通水果摊上的橙子一样，销量平平。巴菲特年年给股东写信，亚马逊的 CEO 贝索斯也是年年给股东写信，如果他们的这些信件没有在网上疯传，在信息爆炸的时代，也许会悄悄地被人们所忘记，或者说他们或他们的企业及产品的知名度和影响力也没有今天这么高……由此也可以看出，在信息化时代，商界的成功者都是推销自己的高手。他们通过演讲、讲自己的人生故事等方式，以扩大自己的影响力，进而带动自身企业或产品的知名度，从而到达营销的目的。

每一家伟大的公司都是对某个真实存在的特定用户需求的响应，就如人们一提及梅赛德斯奔驰，便会想起"父随女姓"的故事一般。

19世纪末，一个名叫艾米尔·耶利内克的奥地利商人在德国莱比锡出生。他是一个喜爱运动和对技术着迷的人，耶利内克还参加赛车，主要是尼斯赛车周。他的车队名字是以他女儿的名字命名的，叫梅赛德斯。梅赛德斯是一个美丽的西班牙名字，原意是优美、慈悲。这个名字在当时汽车界很有名，但是还仅限于车队和驾驶员。

1900年戴姆勒公司与耶利内克签署协议，耶利内克向戴姆勒公司订购36辆总价值为55万马克的汽车，而后他又订了36辆车。但是，他有一个要求。戴姆勒车的名字用法语说，鼻音太重，显得很笨拙。而梅赛德斯这个名字法国人很熟悉，听起来也很令人赏心并且显得高雅不俗。鉴于这一大笔生意，戴姆勒公司同意专门为耶利内克开发新的汽车，并命名为梅赛德斯。这个品牌也迅速崛起，很快成为世界上最著名的汽车品牌之一。

这神话般的一切促使艾米尔先生做出了一个决定：将家族姓氏由耶利内克改为梅赛德斯。这可能是世界上唯一的"父随女姓"的故事。但是这个故事告诉我们，人们在发展的过程中所付出的一切，以及品牌故事文化于企业的重要性。"父随女姓"的品牌故事文化的背后，是整个家族的付出，更是要发展到强大、让人印象深刻需要付出的。

布里特定理告诉我们，一个产品，无论其品质或功能有多好，如果不懂得营销，别人永远不可能知道它的价值所在。一个人，无论其能力有多强，如若不懂得推销自己，其影响力终难得到提升，其所领导的企业或产品，也可能销声匿迹。

在人才济济的大都市中，每个人其实都是极为渺小的个体，不要期望有人会礼贤下士，"三顾茅庐"地对待自己，也不要试图扮演那种"千呼万唤始出来"的矜持角色，这是一个千里马常有而伯乐不常有的时代，如果你不能奋蹄表现，就不可能被伯乐发现。只有懂得推销自己的人，才能获得更多的发展机遇。在现实中，我们也发现，马云、雷军、乔布斯等"商界精英"，都是推销高手，他们通过演讲、写文章等方式，让万千人认识他们，进而认识他们的企业，乃至产品。而且他们每一次在网络或媒体上的讲话总能引起人们的深思和启迪。可以说，他们的高明的推销手段或方法，提升了他们的个人和企业的影响力。

在这个人才辈出的社会，你只有学会推销自己，才能摆脱默默无闻的命运。应聘时如果不能恰如其分地展示自己的长处，就不能打动面试官，也就不能得到理想的工作。工作以后如果不善于展现自己的才华，就极有可能被埋没，所以你一定要学会像销售员推销产品那样卖力推销自己。你可以不是最优秀的，但一定要像孔雀开屏一样把自己最优秀的一面表现出来，这样才能有机会实现自己的人生价值。

卡耐基曾经说过："不要怕推销自己，只要你认为自己有才华，你就应该认为自己有资格担任这个或那个职务。"的确，我们必须学会主动，否则即使有再大的才能，不表现出来，也不会为别人所知，更不可能得到施展才华的机会。其实，大多数怀才不遇的人，不是从来没有得到过机会，而是没能很好地抓住关键机遇表现自己。所以我们一定要设法把自己成功推销出去。

所谓推销自己，其实就是最大限度传播你的价值

布里特定理告诉我们推销与传播的重要性，实际上，无论是产品，还是个人的推销，其实就是最大限度地传播其价值。这里重点说一下"自我推销"。在当下的社会中，要想成功地扩大自己的知名度或影响力，就要给自己贴上"价值符号"。这里的"价值"，也是"让别人愿意认识你的原因"。所以，在推销自己之前，事先应该冷静地问问自己："你对别人有用吗？"就如同建立品牌一样，一个人与其花费精力漫无目的地去参加聚会、结交朋友，不如事先确定好自己的价值定位，然后有针对性地进行传播。

有人可能会说，我的价值太小，那些有影响力的人根本不会对我感兴趣。其实，人不可能一开始就拥有"被有影响力人物认识"的价值，但是每个人，在人生的每个阶段，都有自己特有的价值。比如，当你还是一个大学生时，你的价值可能在于你成绩很棒，或者是足球踢得特别好，也可能是你长得很帅。工作后，或许你是一个电脑高手，或许是一个品牌专家，或者你在生产制造方面很有经验。而工作后你制定的"职业规划"，无非是提升你的"被雇用价值"。

建立并标记自己的价值，这是进行自我营销的第一步，也最为重要。它关系到他人是否乐意认识你，哪类人乐意认识你。

刘先生是一位很有前途的青年演员，他形象英俊，很有天赋，演技很不错。但他刚刚开始在一些电视剧中露脸，只能出演一些配角。为了进一步增加自己的知名度，他非常需要一个公关公司"包装"自己。比如，在各种报刊上刊登他的照片和有关他的文章，但

他目前既没有钱，也没有机会。

后来，经过朋友介绍，他认识了莎莎。莎莎曾经在纽约的一家大型公共关系公司工作过几年，不仅熟悉业务，而且经常接触媒体行业。几个月前，她刚刚开办了自己的公关公司，并且期望能够打入有利可图的公共娱乐领域。不过，因为她的事业刚刚起步，到目前为止，一些比较出名的演员、歌手都不愿与她合作。

王先生与莎莎认识以后，两人几乎一拍即合，他们立即达成了合作意向。王先生成了莎莎公司的代言人，而莎莎则为王先生提供"抛头露面"所需要的种种经费。这样，王先生就不必为自己的知名度花钱，而且随着知名度的扩大，他接到了越来越多的片约。

同时，莎莎也借助王先生的名气，扩大了自己公司的影响，很快就有一些娱乐圈的名人主动找上门来。二人各取所需，他们的合作关系也变得越来越牢固。

每个人的价值在不同的人眼里是不同的。一开始，在多数公关公司看来，王先生是没有价值的演员；而在多数明星大腕眼中，莎莎的公司也是没什么名气的公关公司。每个人都有价值，只是有待伯乐的发现。可是假如你根本不去传播自己的价值，又有谁会发现你的价值呢？

事实上，推销自己的过程，就有点像打造明星，就是让你在自己的职业圈子里成为明星。这就要求你在打造自己的"价值符号"时，一定要注意，你的价值一定要有三个特点：容易让人注意，容易被传播，容易被记住。当你通过深思，总结自己的优点，将自己变成某种价值的"活名片""活标签"，然后才能让其价值更广泛地传播出去。

最后通牒效应：拖沓者的提升效率之法

法则精义：最后通牒效应是指，人们在面对一项工作或任务时，往往迟迟不肯开始着手工作，能拖就拖，直到实在不能再拖的情况下，才会努力去完成。在从事某一项活动时，总会觉得准备不足，能拖就拖，但在不能拖的情况下，比如条件不允许或到了规定的时间，人们基本上也能完成任务，这便是最后通牒效应。

应用要诀：1. 最后通牒效应是人们战胜拖延的一个极为重要的方法，所以，在现实生活中，运用最后通牒效应，即给自己设定最后期限，是提升自我工作效率的一个有效的方法。

2. 当然，为自己设定最后期限，实际上是在给自己施压，让自己在重压下提升效率。但是，在给自己施压时要适可而止，否则，如若压力过大，给自己设定的时间太短，会使自己表现得更差。

提前设定最后期限，你的效率会更高

你是否会遇到下面的情景：老师在周一给大家布置了作业要写一篇作文，要求在周五之前交上来，同时还强调最好能提早完成，那么周二到周四你几乎很难安下心来把作文写完交上去，总会赶在周四晚上或周五早晨才匆匆忙忙去赶作文。并且在看似无所事事的前三天时间里，你的内心一直饱受煎熬——每天你都在告诉自己：该行动了，时间不多了！可是，你就是无法进入状态，同时又不断谴责自己没有效率，始终被负罪感包围着。而如果老师当时要求周

三之前交上来，那你也会在周三放学之前抽时间把作文写完交上。这便是心理学上的最后通牒效应，即指对于不需要马上完成的任务，人们往往都是在最后期限即将到来之时才努力完成。这种心理效应反映了人类心理的某种拖拉倾向，即人们在从事一些活动时，总觉得预备不足，感到能拖就拖，便在不能拖的情况下，例如已经到了规定的时间，人们基本上也能够完成任务。

在生活中，很多人会运用最后通牒效应来督促自己提升工作效率，尽快完成任务。的确，人的潜力都是无限的，而这种巨大的潜力就要靠压力来激发。科学家说，人在巨大的压力下，身体中会分泌出大量的肾上腺素，可以激发人无尽的潜能，可以促使人跑得更快、跳得更高，力量也会更强，从而做出惊人的壮举。当人处于顺境或宽松的情况下，是不可能突然爆发出这种惊人的潜能与做出惊人的成就的。所以，我们平时的很多成绩都是压力作用下产生的结果。

李萍在一家著名杂志社工作，两年多来，工作还算是舒心，但是最让人心焦的就是每周的写作任务，必须在一周内交出一定数量的稿子来，这确实给她带来了巨大的精神压力。但是，后来她发现，这种压力竟然成了自己工作的动力。

在很多情况下，她自己觉得：在规定的时间内创造的效率在比自由散漫的情况下创造的效率要高得多。比如说，她本打算要用 3 天时间去完成一篇文章，在这期间，她可能去查资料、搞写作，很是繁忙，但是最终写出来的也不一定能获得主编的认可。如果领导规定她必须要在 1 天时间内必须保质保量将文章交上去，否则将会被解雇。在这种情况下，压力尽管是巨大的，但她也能够写出一篇精品文章来，也无须去找资料，在极短的时间内反而能够激发出她的灵感来。

很多时候，在"绝境"之中，效率反而要比以前要提高很多。领导对她的要求高了，她的写作水平也自然提高了许多，先前的压力也自然就不存在了。

时间的紧迫原本给李萍带来了巨大的精神压力，但是，这种压力在她内心引起了波动，能够调集她脑海中所有的思想甚至潜意识的力量去完成工作任务，在这样的情况下，她的写作能力当然是要提高的了。在工作中，我们要想使自己变得更为优秀，就要懂得运用最后通牒效应，即给自己设定最后期限，迫使自己去达成目标，一段时间后，你将发现一个全新的自己。

其实，人都是有潜能的，只是在平常的情况下发挥不出来而已。如果你能利用工作中的时间压力将自己的潜能激发出来，那么，压力则就会成为你工作中的动力。所以，当我们在生活或工作，因为压力而产生焦虑或痛苦的情绪时，一定要及时地更新观念，不要将压力仅仅看成我们的仇人，而要将之看成激发我们个人潜能的"恩人"，那么，压力就会迅速转化为你挑战自我的动力，让你以更为积极的心态去应对工作，最终做出惊人的壮举。

要知道，一个真正勇敢的人，是会将压力看成练就自身意志的机会的，生活给我们的压力越大，就越能够激发出自身的潜能，练就自己的意志、品格、力量与决心，最终成为一个更为卓越的人。

给自己施压，不如做好时间管理

运用最后通牒效应，给自己设立最后期限，给自己施压，可以有效地提升工作效率。但是，给自己施加压力要适当。别以为自己在重压下会变得更为出色，其实，如果压力过大，个人的表现只会变得更差。

贝拉是一名市场调查主管，负责公司的所有市场调查工作。那次，由于她的助手回家休假了，公司经理分给她一个调查任务，让她独自五天内将报告交上去。

她清楚地知道自己在前三天一直心不在焉，到第四天的时候，纵然离最后期限只有两天了，我仍旧无聊地在网上闲逛。她自己都弄不明白，为什么成堆的任务如大山般压过来，在万分焦虑的情况下，自己却偏偏仍旧没有动力去认真地做事情，甚至浪费一些时间去做一些不必要的事情。

第五天，最终还是到来了。期限逼近了，她才像疯了一样去联络商场、去各大商场做统计……一直干到大半夜终于勉强完成报告，但是因为时间太急，她做出的报告漏洞百出、错误不断，这让部门经理大发雷霆，因为这份糟糕的报告，整个部门人员的工作全部被打乱……

贝拉也很委屈，在看似无所事事的前几天，她却一直处于煎熬中，她每天都会告诉自己：时间差不多了，那么多工作该动手去做了！可是，她仍然无法进入工作状态，仍旧会忍不住地在网上聊天，或去参加朋友的宴会……

当贝拉在悠哉游哉地在网上聊天、闲逛时，心里比任何人都清楚，她该用这段时间赶出经理要求的那份调查报告了，但是她仍然忍不住将工作的时间浪费掉，最后到大堆的工作压下来时，才忙得不可开交，使自己陷入无穷的焦虑中，最终也将工作搞得一塌糊涂。

在工作中，有的人爱拖延是因为总有运用最后通牒效应即用最后的时间也可以完成任务的侥幸心理，但是这种侥幸心理会让他们产生一种负责感，这种负罪感会给人们带来无尽的折磨，使人们陷入一种焦灼的状态，而这种焦灼的状态又反过来耽误了人们开始动手完成任务的时间。可以说，这是一个恶性循环的过程……运用最后通牒效应尽管可以在一定程度上提升效率，但是如果工作量太大，设定的最后期限太短，那么，就有可能让自己处于极为糟糕的状态，工作也难以更好地完成。那么，在现实中，要真正地从根本上提升效率，我们该如何去做呢？

1. 立即行动。

如果你觉得自身的实力很强，总是觉得自己能够在短时间内把任务完成，那么你就应该在接到任务后马上去行动。这样你就可以利用多余的时间让自己玩得更开心，而不是在玩的时候心中还总是悬着事情。

2. 制定合理的工作计划。

如果你认为自己可以利用最后的紧迫感使自己进入更好的工作状态之中，或者发挥更好的水平，那么你就要学会提前给自己制定一个完成工作的期限。如果你已经有几次失望的结果，那你就应该打消这种念头，以失败来警示自己。如果你有过成功的经验，也千万不要得意扬扬，不要认为自己很适合这种工作状态，想想你是不是为了堆积如山的工作而经常熬夜，是不是在团队工作中经常被别人抱怨你的工作进展太慢呢？

3. 尽力克制自己。

如果你总会因为今天情绪不好，或明天看起来更适合去处理工作，或今天先玩、明天再做也不晚的想法，那你就应该杜绝这种借口，加强自身的自制力。要对自己下狠心，制定工作计划表，克制自己要在规定的时间内将工作完成。

心理上的拖拉的习惯并不是能随时就能改变的，也不是要靠别人帮助就能够改变的，重要的要看自己平时的行动。记住：行动是治愈焦虑与重压和最好的良药，犹豫与拖延只会让你的内心滋生出更多的焦虑与恐惧。

波特法则：让你脱颖而出的"独特定位"

法则精义：波特法则是由美国哈佛商学院教授 M. E. 波特提出的，即指在激烈的竞争中，拥有独特的定位，才能获得独特的成功。波特法则强调对竞争对手最有效的防御手段就是，阻止彼此间的战斗，不去走一条狭窄拥挤的路，给自己一个独特的定位，选择差异化道路，这样就不会跟任何人撞车，也不会被任何强劲的对手所打败了。

应用要诀：1. 很多人一生一事无成，在于他们不清楚自己的核心优势是什么，也就是根本不了解自己，对自己终难有一个准确的定位，最终也只是庸庸碌碌、一生毫无成就。

2. 这里所说的"定位"，其实就是最大限度地发挥和经营自己的优势。

展现你的"亮点"：由平凡到精英的必由之路

美国哈佛商学院教授 M. E. 波特指出，其实每个人都是与众不同的，每个人都有属于自己的亮点，可惜的是大多数人都走上了大众化的道路，浪费了自己的青春和才华。仔细分析你会发现，杰出人物之所以能够闪光，不是因为优秀是他们与生俱来的品质，而是因为他们正确地运用了波特法则，充分展现出了自己最为独特的一面。罗纳尔多能成为足球先生，比尔·盖茨能缔造微软帝国，马尔克斯能获得诺贝尔文学奖，皆是因为他们发挥了自身的优点或优势，没有走寻常路，给了自己最独特的人生定位。精英们之所以出类拔萃，不在于他们先天上具有多少优势，而在于他们是否能充分运用天赋，施展自己的才华，这才是精英由平凡走向卓越的奥秘。

诺贝尔化学奖的获得者奥托·瓦拉赫在中学时代并不清楚自己擅长什么，父母希望他能成为文学家，于是苦心孤诣地培养他在写作方面的能力。瓦拉赫虽然学习很用功，但整整半个学期过去了，他的表现始终差强人意，老师给他的评语是："瓦拉赫学习认真刻苦，可是写东西太过拘泥刻板了，这样的学生几乎不可能在文学上取得任何造诣。"

瓦拉赫的父母被告知他们的儿子根本不是当作家的料，不免有些失望，不过很快他们又为儿子找到了新方向，没过多久便安排他学习油画创作。可瓦拉赫根本就对构图不感兴趣，他对艺术的领悟也比同班同学要差得多，所以他的绘画成绩在班级里总是排在倒数的位置。学校给他的评价更糟，老师几乎把他说成了不可雕琢的朽木。

瓦拉赫一度被当成差生，许多老师都对他失去了耐心，说他不可造就，只有化学老师在他身上发现了闪光点，说他做事严谨，无论干什么都一丝不苟，这种优秀的品质正适合从事化学研究，于是便建议他尝试着改学化学。瓦拉赫在化学老师的帮助下，走上了最适合自己的发展道路，在校期间学习成绩一直名列前茅，长大后还因为对科学领域的杰出贡献荣获了诺贝尔化学奖。

　　瓦拉赫的故事告诉我们，一个人的能力发展是很不均衡的，每个人都有弱点，也都有自己最独特的优势，只有找准了定位，挖掘出自己的潜能，才能取得不俗的成就。所谓的庸才不过是暂时没有找到定位的人才，这样的人只要发现了自己最有价值的独特之处，是完全有可能实现华丽的变身的。

　　不少人认为自己怀才不遇是因为缺少机遇，但俗话说得好："是金子总是会发光的。"没有发光的金子之所以深埋地下、不见天日，原因多半出在自己身上，一味地抱怨机会太少无助于改善现状。仔细观察你会发现，很多人才华横溢、博学多识，却没有一项突出的专长，对自己的定位也十分模糊，这才是全部的症结所在。在激烈的竞争中，一个人若是不能展示自己的独特之处，就好比一块没有光芒的石头，不能给人眼前一亮的感觉一样，这样是不可能赢得更多青睐的。唯有学会运用波特法则，找到自己的独特优势，你的人生才会出现转机。

给自己准确定位的前提：深刻地认识你自己

　　波特法则说明了给自己定位，保持个人"独特""亮点""优势"的重要性。但是，对于我们个人来讲，要准确地认识到自己的"优势"所在，最重要的就是要认识你自己。对此，苏格拉底说过，限制和阻碍一个人发展的关键因素在于"不认识自己"。也就是说，一个人要想获得长足的发展，最为关键的问题是认识自己。所谓的认识自己，就是清楚自己的内在，包括优缺点和个性等。当你能清楚地将个人的优、缺点和个性罗列出来，那就不会在迷茫中蹉跎生命，就能在现实生活中找到自己的人生发展方向，那生命便能开出灿烂的花朵来。

生物学家达尔文 16 岁就被父亲送到爱丁堡大学学医，这期间，他每天唯一能做的就是读大量的枯燥的医学文献，然后再回去写报告。

对于达尔文来说，那是一段可怕的噩梦一般的时光，在这期间，他的脑海中经常盘旋着这样的意念：这不是我想要的，我要逃出去。几年的学医生涯，他并未取得任何成绩，还对医学产生了抵触感。其实，在学医期间，他自己就对自然历史产生了浓厚的兴趣，经常到野外去采集动物和植物的标本。

后来，他开始不断地反思自己、认识自己，曾经十分谦虚而又自信地谈到自己的性格："热爱探索自然，善于观察又十分喜爱收集事实材料，而且对问题都会不倦地思索、锲而不舍。"同时，他又客观地评价了自己的才能："我的记忆范围很广泛，但是都比较模糊……在想象力方面不很出众，也谈不上机智。所以我应该是个蹩足的评论家。"在清醒地认识了自己之后，他决定去做自己喜欢的工作，那就是自然科学。后来，他有幸进入农学院，仍旧坚持自己的兴趣爱好。他的父亲曾认为他"游手好闲""不务正业"，一怒之下，在他 19 岁时，又送他到剑桥大学，改学神学，希望他将来成为一个"尊贵的牧师"。然而，在这期间，达尔文对自然历史的兴趣变得更为浓厚。在剑桥期间，他结识了当时著名的植物学家亨斯洛和著名地质学家西基伟克，并接受了植物学与地质学研究的科学训练。后来，经过不断努力，在历经了 5 年的环球航行之后，他在自然科学方面为人类做出了划时代的巨大贡献。

只有真正地深入地剖析和了解自己的性格之后，才能更清楚地认识自己，找到与自身素质相对应的人生目标，凭着自身素质上的信号找到这个目标之后，才能用自身所长攻其一点，攻出成果，由此及彼，不断扩大。从内在真正地认清自身，才更容易找到合适自己的发展方向和发展目标，开发属于你的领域，这是通往卓越人生的一条捷径。

著名散文家朱自清在年轻的时候喜欢写诗，但是，几乎没有写出好的作品来。后来，他开始深度地剖析自己：模糊而不清晰的内在感情，对外界事物不敏感，诗情枯竭，不自然，纯粹是从脑子中虚幻出来的。后来，又因为改写散文而一举成名!

每个人的性格是不尽相同的，但是都具有自己的某种优势，都有最适合自己的工作、事业。有的人富于幻想，有的人比较耐心，有的人多灵气，有的人善于分析，有的人善于表演．不同的性格所适合的职业和事业是不同的，只要你能够准确或者大致对应地找到符合自身性格的奋斗目标或者奋斗方向的时候，机遇就会或早或晚、或近或远地停留在这个方向的轨迹上面，成功便自然会垂青于你。

鲁尼恩定律：赛跑时不一定快者赢，竞争时不一定弱者输

法则精义：鲁尼恩定律是由奥地利经济学家 R. H. 鲁尼恩提出来的，它描述的是这样一种现象：赛跑时跑得快的未必就能成为赢家，体质弱的在打架时也未必就会输，最初谁占优势并不重要，笑到最后的才是赢家。

应用要诀：鲁尼恩定律告诫我们：1. 决定输赢的因素是多变的，一时的胜利并不能决定最终的结果，人生是一场马拉松，能始终不放弃且坚持到最后的人，始终都有翻盘的机会。

2. 一时的成与败并不代表什么，所以真正的赢家都是时时戒骄戒躁的，失意时不放弃，得意时不放纵，成功时不轻狂，失败时不灰心，这样才能成为笑到最后的人。

人生是一场马拉松，笑到最后的才是赢家

拿破仑戎马一生，征战无数，打赢了一场又一场战争，然而最终兵败滑铁卢，再也没能东山再起。项羽身经百战，在战场上取得了无数次大捷，但垓下一役失败了，最后竟落了个乌江自刎的下场。鲁尼恩定律告诉我们，最初的胜利其实不过是比赛前的热身，最后的胜利才算终场。因此我们要用长远的眼光看待问题，暂时跑在前面不可骄傲自满，因为第一名也有可能被后来者赶超，在接下来的比赛中落后；暂时落后于竞争对手不要灰心气馁，人生不是百米冲刺，而是一场漫长的马拉松，你随时都有机会翻盘。

当汽车还是富人才买得起的奢侈品时，亨利·福特便下定决心制造出能为大众普遍享有的代步工具，经过不懈的努力和多年的精心研究，他终于实现了自己的目标，造出了一种结实耐用、物美价廉的新款汽车，售价仅为 825 美元，连收入一般的工人都买得起。新款汽车一经推出，就引起了人们的疯狂抢购，在短短一年时间里，福特汽车公司就卖出了 10000 多辆汽车。

后来，福特公司在保证汽车基本性能的前提下，不断压缩制造成本，价格一降再降，凭借着价格优势，福特汽车迅速占领了市场。1920 年，美国经济出现衰退，人们的购买力下降，福特汽车就成了一种最实惠的选择，销售情况依旧不错。它的竞争对手通用汽车，因为没有办法削减成本，销量直线下滑。一年之后，福特汽车的市

场份额已经达到了 55％，而通用汽车的市场份额仅有 11％。

通用汽车公司总裁斯隆经过分析，得出了这样一个结论：通用汽车不可能把制造成本降低到福特汽车的水平，所以不能靠打价格战取胜。福特公司长期以来只生产一种类别的汽车，这曾是公司的优势，不过现在束缚了公司的发展，消费者的需求是不同的，公司必须制造出多样化的产品才能赢得大众的青睐。于是通用汽车公司便根据人们的经济状况，生产出了不同档次不同价位的汽车。汽车的销售额迅速飙升，到了 1927 年，通用汽车越来越受欢迎，福特汽车则受到了巨大的冲击，亨利·福特被迫关闭了传统的 T 型车装配线，产品也开始朝多样化方向发展。到了 1940 年，福特汽车的市场份额只剩下 16％，而它的对手通用汽车的市场份额却提升到了45％。亨利·福特经过战略调整，才使福特汽车公司在艰难的处境中生存了下来。两大汽车公司的较量，最终以通用汽车公司的完胜告终。

福特汽车和通用汽车的商业竞争告诉我们，在人生的道路上，我们要做好打持久战的准备，一时的成绩并不能决定什么，一个人要想有更大的造就，就必须不断追求，勇于超越，还要有超出常人的耐力和耐心，这样才能成为最后的赢家。世界上最成功的推销员乔·吉拉德说过："笑到最后才算笑得最好。"是的，在临近终点时，胜负是很难预料的，所以我们决不能因为暂时领先就让自己中场休息，也决不能因为暂时失利而放弃比赛，而要记住：不到最后一刻，一切都还是未知数。跑得快未必会赢，跑得久坚持到最后才能成为最终的胜利者。

得意不忘形，失意不失志

一天，孔子带着自己的弟子们去参观鲁恒公的宗庙。在宗庙中，他看到了一个形体倾斜可以用来装水的器皿。于是众弟子向守庙人问道："这是什么器皿呢？"守庙之人告诉他说："这是欹器，是放在座位的右边，用来警诫自己，如'座右铭'一般用来伴座的器皿。"孔子一听，接着说道："我听说这种器皿，在没有装水或装水少的时候就会歪倒；水装得适中，不多不少的时候就会端正的；而水装得过多或装满了，它就会翻倒。"说完，便扭头让学生往里面倒水试试，学生听后舀水来试，果然如孔子所说的，水装得适中时，它就是端正的；水装得过多或过满，它就会翻倒；而等水流尽了，里面空了，它就倾倒了。这时候，孔子长长地叹口气说道："哎，世界上哪会有太满而不倾覆翻倒的事物啊！"

孔子用器皿的故事告诉我们：水满而溢、月满则亏是亘古不变的道理。所以，做人不能太过骄傲自满。否则，则将面临倾覆的危险。正如那句俗话所说的，气怕盛，心怕满，因为气盛就会凌人，心满就会不求上进。真正的成功者都是极力做到虚怀若谷，谦恭自守的，他们得意时不会忘形，失意时也不失志，这样的人行为极为稳当，始终保持理智、谨慎和谦虚，不容易被情绪所左右，所以能真正地成为笑到最后的人。

一位哲学家说：人生有凡种至高的境界，一种是痛而不言，一种是败而不馁，还有一种是胜而不狂。真正富有智慧者，在失意的时候，不会有怨气，即便有怨气的话，也不会喋喋不休地用自己的委屈和不满去换取别人的同情，他们会打碎牙咽到肚子里后旁若无人地为自己疗伤。因为他们懂得，只要把失意藏于心，才能励精图治，获得长久的发展。在得意的时候，也绝不会因为贪图一时的虚荣将自己的荣耀公之于众，更不会扬扬自得地将自己的丰功伟绩大白于天下。而是懂得低调做人，在别人说起其丰功伟绩时也会用谦虚之言将之敷衍掉。因为他们知道，痛苦、患难可以与共，荣耀却只能独享，因为张扬着的荣耀，就是滋生忌妒和愤恨的温床，也是让你成为众矢之的的基本诱因。

第五章

内外因原理：从外打破是食物，从内打破是生命

你的潜意识是你身体的创建者，它可以治愈你的疾病。每晚睡觉前下意识地对自己灌输一个完全健康的理念，那么，你的潜意识会忠诚地为你服务，顺从你的那个理念。

——约瑟夫·墨菲（印度心理学家）

宇宙中有着无穷的能量，但只有那些把心思用对地方的人，才能把事情做对，获取充足的能量，拥有自己想要的一切。

——爱因斯坦（美国科学家）

史华兹论断：若能坏中看好，便能好上加好

法则精义：史华兹论断是由美国管理心理学家 D. 史华兹提出的。即指所有的坏事情，只有在我们认为它是不好的情况下，才会真正地成为不幸事件。

应用要诀：史华兹论断告诉我们，幸与不幸不在于客观的境遇本身，而在于你对它的解读和主观认知。如果我们能从坏事中看到好的一面，就能将危机变成转机，将"厄运"变成好运。

同时，史华兹论断也告诉我们事物的"好"与"坏"，多数时候是可以随着主观的思维去互相转换的，为此，在生活中如若我们遇到挫折、磨难、困厄、错误等，要懂得转换思维，努力去挖掘"错误"或"不幸"的"剩余价值"，让其变成一种幸运。

"幸"与"不幸"的根基，都在自己身上

史华兹论断告诉我们，一切"幸"与"不幸"的根基不在于外界，而在于自己，而与外界的客观环境无多大关联。史华兹论断，也许并不能帮助我们从低谷跃向高峰，但是确实能让我们从黑暗中寻到一线光明，从凄风苦雨中感到一丝温暖。史华兹论断不是自欺欺人的乐观主义，如果我们选择"相信"，它就能给我们带来奇迹。

有一位名叫格丽雅的美国女士，每天内心都充满了痛苦，每天都很烦恼、痛苦和郁闷，生活对于她来说就是一种煎熬。因为她随着丈夫从军，丈夫的部队就驻扎在沙漠地带，她住的是铁皮房，与

周围的印第安人、墨西哥人语言也不通；当地的气温极高，在仙人掌的阴影下都高达 45℃ 以上；更为糟糕的是，后来，她丈夫奉命上前线了，只剩下她孤零零的一个人。为此，她整天都愁眉不展，度日如年。她内心的痛苦无以言表。

无奈之下，她便与父亲写信，希望回家去。她打开盼望许久的回信，大失所望。父母没有安慰自己，也没有让她回家，那封信上面简短地写着："两个人同时从监狱的窗户往外看，一个看到的是泥土，而另一个看到的却是星星。"

她开始失望至极，还有几分生气。后来，她终于从父母的一行字中找到了自己的问题：她过去总是习惯性地低头看，结果只看到了泥土。但自己为何不学着抬头看呢？抬头看，就能看到天上的星星！而我们生活中不一定都是泥土，一定会有星星！自己为何不抬头去寻找星星，去欣赏星星，去享受星星带给自己的灿烂的美好呢？

她终于想得开了，也开始那么去做了。从此之后，她开始主动与周围的印第安人、墨西哥人交朋友，结果使她惊喜万分，因为她发现他们都是那么地好客和热情，还给她许多珍贵的陶器与纺织品作为礼物；她开始研究沙漠中的仙人掌，一边研究，一边做笔记，没想到那些仙人掌是那么千姿百态，那么使人着迷。而仙人掌在如此恶劣的环境之下，仍旧能够茁壮地成长，仍旧能生生不息，这让她为之动容。她也开始欣赏沙漠的日出日落，偶尔能看到大漠上空的海市蜃楼，享受着新生活给她带来的一切。令人惊讶的是，她发现自己生活中的一切都改变了，变得使她每一天都仿佛沐浴在春光之中，每天都仿佛置身于欢笑之中。后来，她回到美国，根据自己的心理演变历程，写了一本书叫作《快乐的城堡》。

其实，格丽雅周围的环境一点都没有改变：沙漠、铁皮房、仙人掌、印第安人、墨西哥人等，都是原来的样子，但她前后的行为和心情前后发生了不少改变。很明显，是她的心态改变了：过去她习惯性地选择看泥土，选择发现事物消极的一面；而后来她则习惯性地找星星，选择发现事物积极的一面，最终收获了喜悦和成功。

这告诉我们，痛苦和欢乐只是一种主观感受，身在逆境，如果我们依然有感知幸福的能力，那么就算经历再多的风风雨雨，也不会陷入不幸的深渊。幸福就扎根在我们的内心深处，无论历经多少艰难困苦，只要我们初心不改，快乐将永远与我们如影随形。

挖掘"错误"的"剩余价值"

史华兹论断告诉我们，幸运与不幸只是一枚硬币的两面，不幸的事件并没有我们想象得那么糟糕，比如辍学能让我们更早地认识社会，失业能改变我们的发展方向，一段感情的结束可能会让我们找到更适合自己的另一半，我们若能以积极主动的心态从"错误"或"不幸"中挖掘其"剩余价值"，那么，"错误"或"不幸"便会变成一种幸运了。当然，这需要我们时时懂得转换思维方式，以异于常规的眼光去看待它们。

乔利·贝朗在其13岁时就在一个贵族家里做杂役工，他包揽了所有的脏活累活。

有一次，贵族的夫人要求乔利把一件昂贵的礼服熨一下。而乔利在熨衣服的时候，不小心碰到了桌子上的煤油灯，那件价格不菲的礼服上滴上了几大滴煤油。夫人听到这个消息，气急败坏地跑过来对乔利怒吼道："这件衣服归你了，我要从你的工钱里把这件衣服的钱给扣出来，从今天起，你就准备白给我打一年杂役吧！"

乔利很无奈，他把让自己倒大霉的衣服挂在床前，时时提醒自己干活时要谨慎。过了些日子，他突然发现，那被煤油浸过的地方不但没脏，反而把原来的污渍除去了。"你现在可以把这件衣服给夫人送回去，没准儿她能少扣你些工钱。"与他同屋的一个男孩提醒他。乔利摇摇头说："不必了，我还要拿它做实验呢。"就这样，经过反复的实验，他又在煤油里加入了其他一些化学原料，终于研制出了"干洗剂"。

一年之后，乔利开了世界上第一家干洗店。生意一发而不可收，几年的时间，他就成了闻名全球的大富豪。

成功只能会为你积累经验，而错误则会促进你继续进步。这个故事从侧面告诉我们，当你在工作中犯了错，不要轻易去抱怨，只需要开动脑筋，将犯下的"错误"进行逆向转换，没准儿就是成功的契机。

泰戈尔说过，"当你把所有的错误都关在门外，真理也就被拒绝了"。这句话发人深省，却向我们揭示了一个道理：让人"讨厌"的错误在很多时候则有着不菲的价值。美国考皮尔公司前总裁 F. 比伦说："若是你在一年中不曾有过失败的记载，你就未曾勇于尝试各种应该把握的机会。"一次错误并非罪恶，真正的罪恶是不会从错误中学习。日本企业家本田先生也说："很多人都想梦成功，可是我认为，只有经过反复的失败和反思，才会达到成功。实际上，成功只代表你的努力的 1％，它只是另外 99％的被称为失败的东西的结晶。"当然，你绝不能被同一块石头绊倒两回，不然你所犯的错误，就没有丝毫的剩余价值。

生活中，很多失误并不是"错"，而是一个亮点，因为任何事物都有其存在的价值，关键是你用怎样的思维去发现它。顺着常规看，它可能是一个无法弥补的错误，但如果你能倒着看，它可能就是机会了。只要你善于思索，换一种眼光，多给错误设定些"条件"，那么，在"错"中你也可能会发现价值的存在，那么，错误也就因此而熠熠生辉了。

罗森塔尔效应：士兵穿上将军服就会成为将军

法则精义： 罗森塔尔效应又叫边际期望效应，是由美国著名的心理学家罗森塔尔和 L. 雅各布森提出的。它指的是教师对学生的殷切希望能戏剧性地收到预期效果的现象。

应用要诀： 罗森塔尔效应主要说明，积极的期望、暗示，与期望者有意或无意的态度、表情、体谅、鼓励、赞许等行为方式，能够给人以积极的力量，使被期望者变得更好，以达到期望者所期望的那样。

积极的暗示对人能起到积极的作用，相反，消极的暗示则会对人起到消极的作用。所以，我们平时在与人沟通交流的时候，一定要多给予对方积极的暗示，这样就能提升沟通效果。

积极的暗示，能激发出积极的能量

罗森塔尔效应的结论源于一个实验：

1968 年的某一天，美国著名心理学家罗森塔尔与助手们来到一所小学，说要进行七项实验。他们从一至六年级各选择了 3 个班级，对这 18 个班的学生进行了"未来发展趋势测验"。之后，罗森塔尔则以赞许的口吻将一份"最有发展前途者"的名单交给了校长与相关的老师，并嘱咐他们务必保密，以免影响检测实验的正确性。其实，罗森塔尔撒了一个"权威性谎言"，因为名单上的学生是他随便挑出来的。8 个月后，罗森塔尔与助手们对那 18 个班的学生进行了复试，结果真的出现了奇迹：凡是上了名单的学生，个个成绩都有了极大的提升，而且性格也变得开朗活泼，自信心增强，求知欲旺盛，更乐于与他人打交道。

显然，罗森塔尔的"权威性谎言"发挥了巨大的作用。这个谎言对老师进行了暗示，左右了老师们对名单上学生的能力的评价，而老师又将自己的这一心理活动通过自己的情感、语言和行为传染给这些学生，使学生变得更为自信、自强、自爱，从而使各个方面得到了异乎寻常的进步。后来，人们将像这种由他人（尤其是像老师和家长这样的"权威他人"）的期望和重视，而使某些人的行为发生与期望趋于一致的变化与情况，在心理学上称为罗森塔尔效应。

罗森塔尔效应的实验实际上告诉人们一个道理：一个士兵如若穿上将军的军服便会成为将军，同样，一个将军穿上士兵制服就会变成士兵。也就是说，你若想做一个不凡的人，就必须以一个聪明人的标准去要求自己，建立自信心，从而成就不凡。

卡耐基在很小的时候，他的母亲便去世了。在他9岁的时候，父亲又娶了一个女人。在继母刚刚进门的那一天，父亲便指着卡耐基向她介绍说："以后你可千万要提防他，他可能是全镇人公认的坏孩子，说不定哪天你就会被这个倒霉蛋害得头疼不已。"

卡耐基很是沮丧，在他心中继母一定是不会接纳自己的，而自己也并不打算接纳这位继母。在他心中，一直觉得"继母"这个名词会给他带来霉运。但继母的举动出乎卡耐基的预料，她微笑着走到卡耐基的面前，抚摸着卡耐基的头，然后笑着责怪丈夫道："你怎么这么说呢？你看，他怎么会是全镇最坏的孩子呢？他应该是全镇最聪明的孩子才对呀！"

继母的话深深地打动了卡耐基，从来没有人对他说过这种话，即便是生母在世时也没有。就凭着继母这句话，他开始学着与继母友好相处，建立友谊。也正是因为这一句话，成为激励他的一种动力，使他日后创造了成功的"28黄金法则"，帮助千千万万的普通人走上成功和致富的光明大道。

成功源于期待与激励，罗森塔尔效应也进一步指出，信任和期待具有一种能量，它能够改变一个人的行为。当一个人获得他人，尤其是权威人士的信任、赞美时，他等于获得了一种社会支持，从而增强了自我价值，个人将会变得自信、自尊，从内而外地散发一种积极的能量，并尽力去达到对方期望，以避免对方的失望，从而维持这种社会支持的连续性。

中国台湾著名作家三毛在散文《一生的战役》中写道："我一生的悲哀，并不是要赚得全世界，而是要请你欣赏我。"这个"你"是指他的父亲。

有一天深夜，父亲读了三毛的这篇文章，给她留个字条："深为感动，深为有这样一株小草而骄傲。"做女儿的三毛看到后"眼泪夺眶而出"。三毛写道："等你这一句话，等了一生一世，只等你：我的父亲，亲口说出来，扫去了我在这个家庭用一辈子也消除不掉的自卑和心虚。"

积极的暗示能在一定程度上激发人的能量，能使人创造奇迹，或者变得更加出色。相反，如果你给人传递一种不良的暗示，事情往往会向糟糕的方向发展，因为不良暗示中包含有贬低、歧视，它会让人消极自卑，甚至一事无成。所以有人说："鼓励与赞美能使白痴变天才，批评与谩骂能使天才变白痴。"为此，在生活中，要想使你身边的人更为优秀和突出，那就尝试着去肯定和赞美他吧，这能够催生人的梦想，点燃人的信念，唤醒人的潜能，是催生奇迹之花的优良土壤。

将积极的心理暗示语放在嘴边

罗森塔尔效应告诉我们，积极的暗示对人能起到积极的作用。所以，在平时与人交流和沟通时，我们一定要时常将积极的暗示语放在嘴边，给人以积极的能量，这对你的沟通将起到极为积极的作用。另外，心理学家也指出，每个人都喜欢积极的能量，希望获得正面积极的信息，你想让一个人喜欢你、接纳你、赞同你，那就该学着用积极的方式去感染他。

在现实生活中，我们每个人可能都有这样的心理感受：只能记住自己喜欢的东西，而会对那些令自己生厌的消极东西视而不见。比如，某个人当面夸赞你："长得可真标致！"你会对其心生好感，并有可能会永远记住他；而另一个人当面说你："你的身材确实配不上这件高档服装"。你会立即对其心生厌恶，并再也不愿见到他。可见，每个人都喜欢积极、向上的东西，而会对消极的东西产生排斥感。

对此，成功学大师卡耐基也说，吸引别人的关键无非一点，那就是积极、积极、再积极！当然，这里的"积极"，一方面是指态度的积极，即对他人要表现出足够的主动性，另一方面主要指情绪方面的积极，就是在他人面前，要散发出积极的能量来，不断将你的"光"和"热"辐射给别人，才能让自己有磁石般的魅力，将他人牢牢地吸引住。为此，在交际场上，要赢得好感，就要学会向他人传递正面、积极的信息和能量，把那些积极的心理暗示语常挂嘴边。

心理学家根据调查，专门制定了两套受人欢迎和不受人欢迎的词汇表。

受人欢迎的词汇：真诚、漂亮、帅气、爱、幸福、幸运、乐观、开朗、安全、信赖、魅力、聪明、真实、容易、健康、优雅、知性、美丽、绅士、修养……

不受人欢迎的词汇：痛苦、悲伤、焦虑、困难、成本、辛苦、劳苦、死亡、破坏、担忧、责任、义务、失败、压力、错误、糟糕、很差……

从上面可以看出，受欢迎的词汇大多是积极的、正面的，而受人排斥的词汇都是消极的、负面的。也就是说，人们都愿意接收正面的信息或心理暗示，而排斥消极的负面的信息或心理暗示。那些刻板的带有压力和消极能量的东西，人在本能上是排斥的。可以想象，生活、工作各种压力已经让我们身心疲惫，谁还愿意再让人给自己的心灵增添压抑感呢！所以，在生活中，我们要给人留下好印象，就要在开口讲话时多运用些积极的词语。比如，一个诚恳的赞美、发自内心的夸奖等。

同时，话语或表情要尽量避免那些能让人产生压迫感的词汇或氛围，要知道，谁都不愿意自己被紧张或消极的氛围所笼罩，就好像很少有人喜欢连日阴雨的坏天气一样。如果你是一个心理上常常刮风下雨、不见阳光的人，自然也不会有人乐于与你接近。如果你想做个成功的、拥有良好人际关系的人，就先为你的"乐观"加码！

可以说，在人际交往的空间中，一个人给予别人的积极能量越多，他的朋友就会越多。一个人若总能站在别人的角度去看问题、想问题，并给别人提供帮助，他的人际关系自然就越好。一个人总能用自己的乐观开朗去影响别人、感染别人，他的人际圈就越广。反之，如果一个人总是觉得自己是最倒霉的，总将别人当成个人发泄情绪的垃圾桶，总希望"听众"来承担自己的情绪压力，喜欢"榨取"别人的能量，他的朋友就会越来越少。

为此，从现在开始，我们要尽量要避免将消极的能量带给他人，要让自己在轻松的聊天状态中，渐渐进入他人的内心，即便是两个公司的业务代表谈判，也不一张口便将合约、责任、出货、成本、交易、价格等词汇挂在嘴边，这极容易造成对方的压迫感，压迫感一来，就容易挑起人的逆反心理，逆反心一来，这场公关"战役"就变得复杂多了。

居家效应：没有实力垫底，自信永远是苍白的

法则精义：一个人在家里或自己最熟悉的环境中，言谈举止表现得最为自信和从容。心理学家指出，一个人在自己熟悉的环境中能产生一种优势心理效应，这就是居家效应。

应用要诀：居家效应告诉我们：一个人在自己所熟悉的环境中，就会变得更为自信和从容，所以，在与人交往或沟通中，我们要想拉近与某人的距离或想让其畅所欲言，就要选择对方所熟识的环境。

同时，居家效应也从侧面说明一个问题：对于个人而言，单靠熟识的环境来支撑内在的自信是不可靠的。只有靠实力支撑起来的自信，才是最为牢靠的。

在自己熟悉的环境中，更有心理优势

在现实生活中，我们可能有这样的几种体会：我们只有在自己家里或自己所熟悉的环境中，言谈举止才会变得更为自信和从容；在相信自己能够掌控局面的时候，才会表现得更有优越感；只有在属于自己的地盘上，才觉得自己是当之无愧的主人；当我们到了别

人的地盘或完全陌生的环境中，就会突然变得怕事、畏难，而且谨小慎微；一些考生的成绩也会随着考点的不同而波动，考点若设在自己班里或自己学校时，就发挥得好，一旦设在外校，八成会出意外。因为考生在熟悉的环境中，遇到难题时，会联想到平时解题时的思路，便能够灵光一闪，轻易解出题目。可到了陌生的环境中，就会丧失头绪……实际上，这些现象都是居家效应的真实反映。它告诉我们，一个人只有在自己所熟悉的环境中，才更有心理优势。对此，很多商家或交际家，会运用人们的这一心理去获得主动权。

日本的钢铁和煤炭资源主要依靠进口，而澳大利亚则是这些资源的提供者。在国际贸易的大环境中，澳大利亚的钢铁和煤炭根本不愁找不到买主。按理说，日本人的谈判者应该到澳大利亚去谈生意。但是日本人总是想尽办法将澳大利亚人请到日本去谈生意。

澳大利亚人做事较为谨慎，讲究礼仪，而不会过分侵犯东道主的权益。澳大利亚到了日本，使日本方面和澳大利亚方面在谈判桌上的相互地位就发生了显著的变化。澳大利亚人过惯了富裕的舒适生活，他们的谈判代表到了日本几天后，便急于想回到故乡别墅的游泳池、海滨和妻儿的身旁去，在谈判桌上常常表现出急躁的情绪。而作为东道主的日本谈判则代表不慌不忙地讨价还价，他们掌握了谈判桌上的主动权。结果日本方面仅仅花费了极少的利益做"鱼饵"，便获得了大利。

日本人在了解了澳大利亚人恋家的特点后，宁可多花招待费，也要将谈判争取到自己的主场进行。并且充分利用主场优势掌握谈判的主动权，使谈判的结果最大限度地对己方有利。

对一般人而言，环境对人的心理起着极为重要的作用，所以在现实中，我们便可以巧妙地利用或者主动设置环境优势，在社交领域与商业活动中占据有利地位，从而达到既定的目标。

有实力垫底的自信，在哪里都底气十足

"居家效应"告诉我们，人的内心是受环境影响的。在自己熟悉的环境中，可以做到从容自若，自信满满。而到了不熟悉的环境中，内在的自信仿佛缩水了，会不自觉地放低自己。而生活中则还有一些人，根本不会受环境影响，他们无论在什么地方，都能表现得从容自信，不卑不亢。如果你仔细观察就会发现，这样的人是有实力垫底的，做起事来胸有成竹、底气十足。

民国时期，中国一名学者在欧洲乘火车，他手中拿着张报纸。奇怪的是，那张报纸被他拿倒了。旁边的一位欧洲小青年见状，偷笑起来，并且用英文对身边的人说："你看那个傻帽儿，估计连 ABC 都不认得，还假装拿着报纸读报。"这话让对面的学者听到了，他丝毫没生气，只是气定神闲地用纯正的牛津口音说道："贵国的文字实在是太简单了，我倒着看看就是在打发时间罢了。"说完，他竟然当着众人的面，一口气将报纸上的内容全背了下来，这让嘲笑他的那些青年羞得无地自容。而这位学者就是当时学贯中西的大家——辜鸿铭。

辜鸿铭的经历告诉我们，有实力垫底的自信，无论在怎样的情况下，都能做到气定神闲、底气十足。真正的自信是一种综合的能力，而非脱离实际能力的虚张声势、浮夸的样子，更不会因为环境的变化而轻易放低自己。

所以，在现实的交往中，我们要拥有真正的自信心，就要不断地增强自身的实力，让自己无论在何时何地都能表现出心理上的优势，在面对任何事情时都能从容不迫，而不是徒有其表地夸夸其谈。

冰淇淋哲学：逆境是完成自我蜕变的最好时机

法则精义： 冰淇淋哲学是由台湾著名企业家王永庆提出的。即指卖冰淇淋必须从冬天开始，因为冬天顾客少，会逼迫你降低成本、改善服务。如果能在冬天的逆境中生存，就再也不会害怕夏天的竞争。

应用要诀： 1. 冰淇淋哲学告诫我们，人生的诸多机会都藏在"逆境"之中，它是个人完成自我蜕变和提升自我价值的最好时机。

2. 逆境能使人变得更为坚强，正是它们的存在，练就了你的意志，提升了你生命的韧性，那些打不到你的，终将使你坚强。

逆境，是提升自我价值的最好时期

冰淇淋哲学告诉我们，只要能熬过严冬的逆境，又何惧火热的盛夏呢？即指一个人如若学会了在逆境中取胜，那么以后就可以不惧世间的任何挑战了。换句话说，无论是经营企业或个人成长，逆境，是提升自我价值的最好时期。

1945 年，王永庆投资塑料业时，当时台湾对聚乙烯化合物树脂的需求量少，台塑首期年产 100 吨，而台湾年需求量只有 20 吨，更何况台湾还有几个加工厂获得了日本人供应的更廉价的聚乙烯化合物树脂。这对台塑打击很大，几乎倒闭。面对这一现实，王永庆经过反复分析研究，最后决定：继续扩大生产！他认为与其守株待兔，不如勇敢创造市场。只有大量生产，才能降低成本、压低售价，从而使产品不受地区限制，吸引更多的顾客。

在将台塑产量扩大六倍的同时，王永庆又创办了一个加工台塑产品的公司，即南亚塑胶工业公司，专为台塑进行下游加工生产。经过不断摸索和总结，台塑和南亚的业务开始好转，奠定了他在塑料工业的基础。

在市场竞争中，商业行情有涨有跌，经济状况同样有繁荣也有萧条。这些都不是任何人能未卜先知，或有能力改变的。在经济景气的时候，有的经营者会跟上潮流大捞一笔；但是等到经济萧条的时候，他们又闭紧门户挨过黑暗期。然而，一个企业要想做大做强，就必须学会把握经济不景气时的机会。经济萧条时，大多数人偃旗息鼓了，这反而正是探索机会的理想时机。当经济再度复苏时，敢于把握冷门机遇的企业将能获取比以往更多的机会。台塑企业董事长王永庆是在经济萧条时把握冷门机遇的杰出代表。

实际上，一个人的成长亦是如此，在逆境中若能抓住机会，提升自己的价值，那么，其可以永立不败之地。同时，逆境亦可以激发人的斗志，不经历逆境的洗礼，你可能永远都不会知道自己究竟有多大的潜能。从某种意义上说，逆境是激发人类潜能的最好的酵母，你只有学会了在逆境中成长，才能无惧世间的风雨，成为你想要成为的人。

那些打不倒你的，终会使你更强大

冰淇淋哲学在个人成长领域中的应用就是：我们要善于利用逆境来磨炼自我的意志，提升自我价值。在个人成长过程中，磨难的反面往往藏着不可多得的机遇。你可以试想：在人生的岔道口，你若选择了一条平坦的大道，你可能会过一种舒适而享乐的生活，这样使会你失去一个历练自己的机会；而若你选择了一条坎坷的小路，你的青春也许会充满痛苦，但人生的真谛也许就会从此被你打开。那些打不倒你的，终会使你变得更强。

从前，有一位德高望重的渔夫，有着极为高超的捕鱼技术。渔夫因为自小就善于捕鱼，很早就为自己积累下了一大笔财富。然而，随着年龄的增长，年老的渔夫一点也不快活，因为他为自己的三个儿子发愁，三个儿子的捕鱼技术都极为平庸。

为此，他就向长年生活在海边的一位智者倾诉心中的苦闷："我实在是弄不明白，我的捕鱼技术如此好，而我的三个儿子却为什么没有一个能成才的？我从他们懂事的时候就开始不停地把自己的捕鱼技术传授给他们，我从最基本的开始教起，总是告诉他们如何织网最结实，最容易捕到鱼，怎样划船才不会惊动水里边的鱼，怎样下网最容易'请鱼入瓮'。等他们长大后，我又传授给他们如何识潮汐、辨鱼汛……凡是多年来辛辛苦苦积累出来的经验，我都毫无保留地传授给了他们，但是为何他们的捕鱼技术还不如海边那些普通渔民家的孩子们？"

智者听了他的话，便问道："你一直是这样手把手亲自教他们的吗？"

"是呀，为了让他们学会一流的捕鱼技术，我教得很是仔细、很是认真，从来没保留什么！"渔夫回答。

"他们也一直跟随你吗？"智者又问道。

"是的，为了让他们少走弯路，我一直让他们跟着我学习。"渔夫说道。

智者说："这样说来，你的儿子们的捕鱼技术就不会好到哪里去！你只知道传授给他们捕鱼技术，却从来没有传授给他们教训，也不让他们亲自下海多演练，没有历经任何艰险，如何能准确地领悟到你的那些经验呢？"

是啊，渔夫的儿子们从来没有经历过任何磨难，没有遇到过任何挫折，他们如何能获得成长呢？在生活中，只有经历磨难的人，才能更快、更好地成长，生命也只能在不幸与困境中得到升华。在人的一生中，总会遇到各种各样的厄运，即便你比较幸运，没有遭遇到，也可能会遇到来自生活的各种各样的压力和烦心事，当你面临或遭遇它们的时候，就一定要拥抱和接纳它们，正是它们给了你更多的成长和锻炼的机会，让你变得更为强大。

事实就是这样，没有经历过风雨折磨的禾苗永远结不出饱满的果实，没有经历过挫折的雄鹰永远不能高飞……这些就是自然界告诉我们的一个极为简单的真理：一切事物如果要变得更为坚强，就必须经历一些不幸和困境。

自验预言效应：富有魔力的自毁式预言

法则精义：自验预言效应，是个让预言自身变成真实的一个预测。这种预测发生的过程是这样的，先将一个想法植入你的脑海中，结果你就真的让它发生了，因为你认为它会发生。

应用要诀：自验预言效应，在生活中有着极为广泛的应用，它能解决为什么越是消极的人越是倒霉。而要摆脱这种自验预言效应的魔咒，就要转变你脑中的自毁式的思维。

为什么越消极的人越倒霉

不知你是否有这样的经验：心中所想就如预言一般应验了。例如你觉得自己肯定不能把功课学好，后来果然像之前预想的一样，学得一塌糊涂；你认为自己不能把某项工作做好，结果真的把工作搞砸了；上台演讲时你感到忐忑不安，心想自己会发挥失常，随后你果真讲得磕磕绊绊，表现得无比糟糕；参加某次宴会时，你认为自己会受到冷落，结果真的没有什么人理会你……这些情形就像鲁迅描述的那样"因为常见些但愿不如所料，以为未必竟如所料的事，却每每恰如所料的起来"，这种思维习惯或思维方式就是自验预言效应在现实生活中的表现。

顾名思义，自验预言就是自己验证自己预测会出现的情况，这种验证当然不会是纯粹的巧合，而是存在一定的因果关系。你之所以功课亮起红灯，不是因为你预言准确，而是因为你在自验预言的消极思维影响下，不知不觉影响了在功课上的正常发挥；你之所以把工作搞砸也与预言无关，而是自验预言的思维影响了你的工作状态；你之所以演讲失败同样跟预言没有任何直接关系，而是因为受到自验预言思维的影响而致使自己发挥失常；你在宴会上受冷落更不是因为自己做出了相同的预测，而是因为你的想法导致你郁郁寡欢，不愿与他人热情交流，别人自然会因此而疏远你……

事实上，你并没有预知未来的能力，那些消极的结果之所以能验证你的预测，是你自己一手促成的。自验预言在某些情况下会变成你摧垮自己的利器，因为你会因为坚信消极的观点而使其变成现实。在情感关系中，自验预言的破坏力同样是巨大的，当你认为自己和情侣关系大不如从前，并预言你们关系不能长远，就会因为各种事情而频繁吵架，最终导致两个人不欢而散。

艾米丽是个害羞的姑娘，她不像姐姐那样优秀，既没有漂亮的成绩单，也没有过人的才华。她经常对自己的未来做出消极的预测，有一次她预言自己会有至少一门功课不及格，考卷发下来之后她果然有两门科目亮起了红灯；还有一次她预言自己会在学校组织的歌唱表演中出丑，结果她当真在表演时当场破音。

　　长大后，艾米丽成为一名舞蹈老师，她曾预言自己会在课堂上跌倒出糗，预言再次应验了，有一天她在完成一个颇有难度的舞蹈动作时真的跌倒了。后来她陷入了热恋，她认为男朋友并不懂得欣赏她，并预言两个人的关系早晚会终结。当男朋友因为忙于工作有一天晚上忘记给她打电话时，她觉得这便是自己被怠慢的证据，又有一次男朋友没有对她新做的发型予以赞美，她便认为男朋友挑剔她的外貌。男朋友受不了她过激的反应，最终与她分道扬镳，她害怕的预言再一次变成了现实。

　　艾米丽显然是自验预言思维的受害者，可悲的是她并不知道是她的消极思维促成了预言的实现，反而误以为自己是个不走运的预言家。其实像艾米丽一样，习惯运用自验预言思维思考问题的人大有人在，那么人们为什么要验证自己的消极预言呢？这是因为当自我观念得到验证时，人便能得到一种心理上的稳定感，所以即便人们对自己的未来做出了消极的预测，也会用自我行为来实践那些预言。

　　自验预言常促使事情向坏的方向发展，一个病人如果预言自己的病情加重，由于心情忧郁、身体对病魔的抵抗力下降等原因，他的病情确实会加重；一名学生预言自己毕不了业，由于过于焦虑耽误了正常学习，那么他真有可能荒废了学业；一名职员预言自己完成不了工作目标，由于状态不佳，他确实可能不能如期完成工作目标；一个不善与他人交流的人预言自己将和朋友断交、和情侣劳燕分飞，那么这些预言极有可能成真……

转变你的自毁式思维

可见自验预言无疑是一种自毁式思维，你必须改变这种错误的思考习惯，那么具体应该怎么做呢？

1. 变消极预言为积极预言。

如果你习惯预测未来，那么为什么一定要做出消极的预言呢？既然预言成真的概率很高，因为你有践行这些预言的倾向，那么为什么不去尝试做出积极的预言呢？试想一下，把所有消极的预言都变成积极的预言，你的未来就会变成另一番面貌。放弃那些消极的预言吧，从现在开始，只做积极的预测，未来就会朝另一个方向发展。

2. 培养乐观的心态，积极应对每一天的生活。

经常对未来做消极预测的人，无疑是悲观的，只有悲观的人才会有这样自毁式的思考模式，要从根本上打败自验预言的思维方式，最有效的解决办法就是让自己拥有乐观的心态。当你变得非常乐观时，便会以积极的心态看待未来，那么就不可能对明天做出各种消极的预测了。

3. 弄清自验预言和结果的关系，改变对自验预言的看法。

很多具有自验预言思维的人根本不明白自验预言和结果是因果关系，反而坚信自己的预测准确无误，这种观点显然是错误的，如果不能被及时纠正过来，就不能终止自验预言对自己继续施加消极影响。你必须明白是你的消极思维影响了你的行为，而你的自我行为最终促成了预言中的结果，不是你预言得准确，而是你促使事情向想象中的轨迹发展。充分了解其中的因果关系之后，你就能彻底颠覆以往对自验预言的看法，摆脱这种有害思维就指日可待了。

第六章

交际法则：
从受欢迎到"被需要"

在业务的基础上建立的友谊，胜过在友谊的基础上建立的业务。

——洛克菲勒（美国企业家）

在人生的道路上能谦让三分，即能天宽地阔，消除一切困难，解除一切纠葛。

——卡耐基（美国作家）

美即好效应：多数人都会"以貌取人"

法则精义：美即好效应是由美国心理学家丹尼尔·麦克尼尔提出。即指美丽的东西在人们的心中很自然地跟好的东西联系在一起。这里主要指一个人如果外表英俊、漂亮，人们便很容易主观地感觉他或她的其他方面也很不错。

应用要诀：美即好效应主要在社交与商业领域应用极为广泛，即当某个人在某一方面很出色，比如相貌、智力、天赋等，人们就会认为他们在其他方面也会自然而然地出色。更有甚者，只要认为某个人不错，就会被赋予其一切好的品质，便认为他所使用过的东西、跟他要好的朋友、他的家人都会很不错。这也是为什么，商界或管理界一些精英人士，都会坚持健身，着重个人外貌装扮以及不断提升个人良好形象。

美即好效应也被应用到产品的包装或设计领域，即提升产品包装或设计的精美度，即可以使产品的销量增加。

同时，美即好效应从另一方面反映了一个问题：我们对他人的认知，主观的个人推测与个人情绪占主要的成分，这种"以偏概全"的判断方法是有失偏颇的，是不客观公正的。

让人舒心的外表，也是赢得竞争的一个重要筹码

美即好效应在现实中的积极应用就是：一个人若能在平时或公共场合多多在乎自己的外表，那就是在给自己加分，会让人觉得这

个人在其他方面的表现也还不错。这也是为什么许多精英都注重修饰自己外表。正如一位社交专家所说的那样，人在现实的竞争中，除了内在的能力，让人看起来舒心的外貌也是一个重要的制胜筹码。外貌这个分量不轻的筹码其实是一套组合拳，拳法中包括天生的长相、包装后的形象，还有个人的气质和修养。

刚做推销员时，刘刚的着装极不得体，同事劝他说："你应该好好打扮一番，那样才更容易赢得客户的信赖，你的业绩才能有所突破！"

"我没钱，根本打扮不起！"刘刚辩解道。

"你这话是什么意思？"同事反问道，"我是在帮你省钱，你不会多花一分钱的。我有个朋友叫杰瑞，你去找他，就说是我介绍的。你可以明确地告诉他你想穿得体面些，却没钱买衣服。如果他愿意帮你，就会告诉你如何打扮，包你满意。这么做，既省时间又省钱，你干吗不去呢？这样也更容易赢得别人的信任，赚钱也就更容易了。"

听他这些话说得头头是道，刘刚便行动了。

他来到一家高级美发厅，理了个生意人的利落的发型，人顿时精神起来。同时为了改变他看起来有些臃肿的身形，他开始每天坚持运动，让自己看起来神采奕奕。另外，他又去了那位朋友所说的男装店，请杰瑞先生帮他打扮一下。杰瑞先生认认真真地教刘刚如何打领带，又帮他挑选了西装，以及与之相配的衬衫、袜子、领带。这可帮刘刚省了不少的钱。刘刚之前总是穿着一套西服，直到穿得皱巴巴时才知道换。

杰瑞告诉刘刚："没有人会好几天穿同一套衣服。即使你只有两套衣服，也得勤洗勤换。衣服一定要常换，脱下来挂好。裤腿拉直。西服送到干洗店前就要经常熨。"

几个月后，刘刚开始瘦下来，经过几个月穿着方面的调整，客户对他的印象竟然好了起来。正如一位客户说："其光鲜亮丽、整整齐齐的外表传递给人积极的态度，这样的人更能让人产生信任感！"而正是这种积极的、使人信赖的态度让客户对自己产生了好感，从而对自己的商品产生了好感，促成了交易。

经营专家们都一致认为，推销员整洁的外表是引起顾客购买欲的先决条件。美国一项调查表明，80％的顾客对推销员的不良外表持反感态度。而国内一家保险公司的市场调查人员发现，他们对农民进行劝说拉保险时，穿戴整齐比穿得不整齐的人在业绩上要好得多。

不仅仅是推销员，无论是做什么工作的人，只要是在社交场合，也都要保持清洁、高格调的着装以及良好的外表，要在外形上聚焦客户或潜在客户的注意力。整洁干净的外表、得体的打扮、一套职业的服饰，能让你看起来神清气爽、精神饱满。因此，不妨花一点时间来注重一下自己的外貌，这是让人对你产生信赖的基础，也是你对自己应有的、绝对值得的投资。

认知的偏差：人不可貌相，海水不可斗量

美即好效应在现实中的负面作用，主要体现在我们对他人的评价与认知上，即指印象一旦以情绪为基础，这一印象就会偏离事实。比如，我们很容易因为他人的外貌或外在形象去主观地评价或判断一个人，会因为其光鲜的外表而忽略其内在的其他的缺点，也会因为一个人不好的外表，而忽视其内在的优点，致使我们的认知出现偏颇。

《三国演义》中曾与诸葛亮齐名的庞统去拜见孙权，"权见其人浓眉掀鼻，黑面短髯、形容古怪，心中十分不喜"；庞统又见刘备，"玄德见统貌陋，心中不悦"。孙权和刘备都认为庞统这样面貌丑陋之人不会有什么才能，因为产生了不悦的情绪，这其实就是美即好效应在起作用。而实际上，庞统是个极有才能的人，后来经刘备的考验后，被重用，为蜀汉立下了汗马功劳。可见，"以貌取人"是不客观、不公正的，尤其是在识人、用人方面，会对我们产生不良的影响。

在现实生活中，一个人可以通过美即好效应，也就是通过打扮其外貌，让他人误以为他或她的其他方面也很不错。对于这样善于伪装的人来说，我们该通过对其言行的观察来进行客观的判断和评价。

在战国时期，哲学家杨朱与弟子有一次来到了宋国的边境。天气极为炎热，他们找到了一家小客栈休息。弟子不久就发现，店主的两个老婆长相与身份地位相差极大：一个长相一般的在柜台上掌管钱财进出，而一个长得很美的却干着洗碗拖地的杂活。对此，弟子极为困惑，便忍不住向主人询问具体的原因。主人则回答说道："长得漂亮的自以为漂亮不听管束，举止很是傲慢，可是我不认为她漂亮，所以我让她干粗活儿；另一个认为自己不美丽，凡事都极为谦虚，我却不认为她丑，所以就让她管钱财。"

在现实中，有多少人能像这位旅店的老板一般公私分明地用人呢？

由此可见，美即好效应在现实中是一把双刃剑，在对人才的甄别上，我们应从本质上去认识真正选中有真才实学的人。在面对权威人士的观点时，要通过理性去进行鉴别，从而避免受到误导，只有这样，才不会使我们的认知产生偏颇。

史崔维兹定理：动机若不纯，行为便容易失真

法则精义：史崔维兹定理是由美国社会心理学家 G. 崔维兹所提出的。即指如果你为了获得好处而去帮助他人，就不算帮助他人。也就是说，当我们抱着要别人回报的心态去帮助别人的时候，我们的行为已经失真了。

应用要诀：史崔维兹定理告诉我们：1. 在现实生活中，你对别人施予帮助并且有所企图时，就会被别人认为动机不纯，认为你在趁火打劫，便会对你有所提防，甚至拒绝你的帮助。

2. 真正的善良是不求回报的，因为是他们内心慈悲的涌现，更是人性善良光辉的彰显。

带着目的与人交往，无异于杀鸡取卵

在交际中，为人处世是一门大学问。在与他人相处的过程中，要与人为善，乐善好施，主动为人提供帮助，是构造和谐友好人际关系的关键。可是，而如果你总是带有目的性地向他人提供帮助，你的"善行"也就失真了，从而使你的"真诚、友善"等美好的品质被打折。

另外，帮助他人是为了获得回报，这是许多人产生痛苦的根源。比如，你帮助同事完成一项工作，目的是想让其日后能为你提供帮助，而如果对方的行为达不到你的预期时，你内心的怨恨、痛苦自

然也就来了。

一眨眼毕业 5 年了，这一天刘晓突然接到老同学宋芬的电话，她心情还是挺激动的。在电话中她们聊得极开心，并且约好周末一起去喝下午茶。刘晓很渴望能与宋芬畅诉离情，重温学生时代的美好回忆。

但是到了现场，刘晓吓了一跳：宋芬竟然订了咖啡馆一个包厢作为场地，举办她的"新产品使用分享会"。席间，有她们共同认识的其他同学，还有许多不认识的陌生人。站在广告牌边，宋芬竟然和善地为到场的每位同学"付出"：主动给每个人端咖啡，热情地招呼。末了，宋芬便开始向每个同学索要微信等联系方式。看得出来，宋芬在很用心地装扮自己，颈上的钻石项链、耳垂上的耳环、胸前的别针都很贵重。显然，她不但要让大家知道这些产品很好，更要大家认可她的成功。

刘晓和其他一些受邀出席的同学都深感惊讶，不免有受骗的感觉。她们想：怎么会这样啊？还以为宋芬是找大家出来聊天的。出于昔日同学的情谊，她们都留在现场。会后便纷纷给宋芬以忠告，希望她不要用这种方式招揽生意。

同学们讲得委婉，宋芬的反应却很激烈："我有错吗？我有强迫你们买东西吗？我本来就是要跟你们聊天，只是我工作很忙嘛，想顺便聚一下啊！再说，在席间，我也没强迫你们购买我的产品呀！"

抱着某种目的去进行社交，只会让你人财两失，这甚至比杀鸡取卵更严重。尤其是对于自己的亲朋好友，在日常接触时，不要抱着某种目的。如果真有推销需求，你完全可以告诉亲友们，如果有需要的时候，你很乐意为他们服务，然后保持密切的联络，等他们有需求的时候，自然会先想到你的产品和服务。

的确，为人处世是一门大学问。在与别人相处的过程中，你要做到真正地"与人为善"，并且乐善好施，这样才能构建出良性的人际关系。这样，你才能交到真正的朋友。

真正的善良，是不带有任何功利色彩的

暑假，刘茜和朋友带着孩子，结伴去看电影。两个八九岁的孩子久别重逢，兴奋异常，两人有说有笑，径直往前走，刘茜和朋友则是边走边聊。

在经过地铁站时，看到有位中年人，坐在轮椅上，旁边有一张求助的海报。

家境一般的朋友想也没想，拿出 20 块钱，放进旁边的盒子里，刘茜也勉为其难，也放了 20 块。

事后刘茜便和朋友说，刚才我们应该经孩子的手，将钱交给那个中年人。

看到朋友不解的神情，刘茜解释道："如果经孩子的手，一方面帮助了那个人，另一方面又可以借此教育孩子关心别人、帮助别人。再引申一下，教导孩子施比受更有福，让他们珍惜自己所拥有的。进而又引申到：借此也可以让孩子知道，如果想帮助更多的人，就要有更大的本领，就要好好学习。同样是 40 块钱，效果则大为不同嘛！"

朋友沉默了一会儿，轻轻地说道："我没想那么多，我只想到，我的这点钱，可以让他今晚吃上一碗热腾腾的饭菜了。"

朋友的这个回答让刘茜有些无地自容。同样是帮助别人，刘茜想到的自己能从"帮助"这件事中获得什么；而朋友想的首先是受

助者能吃上热饭，不带有任何的功利心。

作家茨威格在《断头王后》中有一句名言：所有命运馈赠的礼物，早已经在暗中标好了价格。这就如同我们在现实中，对他人施予帮助的同时，便不知不觉间在内心标好了价格，付出多少，得到多少，权衡思量，就如同往银行里存钱，总想着连本带利的回报。也就是说，很多人的付出，只不过是披着善行外衣的，精致的利己主义，是深藏功利的伪善。而真正的善良，是不带有任何功利色彩的，不是高高在上的施舍，也不是心怀二意的表演，而是闪耀着高贵的人性的光耀，无私地关爱和给予。这样的施予，可以让我们获得内心的温暖、充盈和愉悦。而带有"功利色彩"的帮助或施予，最终为我们带来的却是烦恼和痛苦。

反哺效应：施予的越多，获得的也越多

法则精义：动物学家将某些动物长大后把觅到的食物给予其父母的行为称为反哺。反哺效应主要被应用于人际关系中，具体指给别人好处的人，往往也是获得好处最多的人。

应用要诀：反哺效应告诉我们：1. 身体力行的善良是会传染的，比如父母是个善良、乐于付出的人，其孩子也会是善良和乐于付出者。比如在一个组织中，如若一个领导极为善良，对员工极有耐心，那就容易感染员工，使员工付出更多的努力来回报领导。

2. 善良是可以召唤善良的，这符合社会的交换原则。即人们喜欢对帮助过自己的人有所回报，这样以达到社交关系的平衡。

你希望别人如何对待你，就该如何去对待别人

反哺效应在动物界中也常被人津津乐道，比如"乌鸦反哺"，当乌鸦年老无法觅食的时候，它的子女就四处去找可口的食物，衔回来嘴对嘴地喂给老乌鸦，并且从不感到厌烦，一直到老乌鸦临终，再也吃不下东西为止。反哺效应告诉我们，善行是可以感染和传播的，所以，我们要获得"善良"，首先就要懂得去施予善良。

作家胃窦讲述过这么一个故事：

小时候家里穷，父母靠做小生意维持生计。那个时候，一张百元钞票就已经是巨额，有次营业时，就收到了一张假币，晚上在父亲在清点时那张假币才被发现，这让全家都笼罩在低沉的氛围中。

邻居听说，跑来建议父亲，在进货时将假币混进去花掉，这样就轻松地甩掉了这张假币，自己也没有任何的损失。

"不行，"父亲坚决地回绝了，"无论是谁，辛苦了大半天，收到假币都会不开心。"

第二天，那张假币便被父亲贴在店里收款处的墙上面，并且在一旁贴上了一句："请不要让你的善良毁在一张假币上。"就这样，家里的孩子被善良所感染，一直坚持着善良的初心，各自在自己的人生道路上有了极好的发展。

心理学家指出："人是唯一能接受暗示的动物。"善行可以给人以暗示和力量，它是一种人性的光辉，能感染和影响周围的人。这对我们的教育有深刻的启示：当你希望你的孩子拥有善良的品质时，你首先应懂得用身体力行的善良去感染他。对于管理者来说，你想让你的员工努力工作，对你有所回报，也要先向他们洒播和善。在

人际交往中亦是如此，你想从别人那里获得善良，首先要懂得去施予善良。正如交际专家所说的那样——你希望别人如何去对待你，就该如何去对待别人。

要想获得更多，就要先懂得付出

反哺效应在人际交往中有着极为广泛的应用，即付出越多的人，获得的好处也就越多。正如美国成功励志学大师拿破仑·希尔所说："如果你是一个富有者，那么与其一个人拥有巨额的财富，不如由多数人来共享这笔巨款，这样更能增加财富。"对于此，拿破仑·希尔本人有着切身的体会。

拿破仑·希尔在未成名之前，他在一家杂志社做编辑。有一次，他应邀到一所学校去讲学，受到了前所未有的热烈欢迎。

这让他有些出乎意料，还让他极为感动。在演讲结束之后，他拒绝了校方付给他的 100 美元的报酬，并声称自己已经有所收获。第二天早晨，学院的院长召集全院学生开会，宣布了这一意外的"拒绝"。他动情地说："我主持这家学院已经 20 多年了，曾经邀请过无数人士前来发表演说，但直到昨天，我才知道还会有人拒绝接受他的演讲酬金。这位先生是家全国性杂志的总编辑，我建议你们每个人都去订阅他的杂志，因为，像他这样的人一定拥有许多美德以及能力。我想，他所编的东西应该是将来你们踏上社会以后必须用到的。"

不久，拿破仑·希尔所在的杂志社收到了一笔 6000 多美元的订阅费，汇款单上有声明，说这笔费用全部用来订阅拿破仑所编的《希尔的黄金定律》。

当然，这笔钱来自那所学院。此后的两年时间里，仅仅那些学生以及他们的朋友，就总共订阅了这家杂志社的超过 5 万美元的杂志。

从人际关系的理论来说，反哺效应符合人际互换原则。即人们总是喜欢对帮助自己的人有所回报，这样才能获得平衡的社交关系。如果交往双方所付出的代价和获得的回报保持动态的平衡，便有利于交往的维持；反之，人际交往就会受阻，甚至中断。其实历史上诸多伟大的哲学家都曾表达过类似的意思，人们在将自己的财富（金钱、时间或关爱）分享给别人的时候，自己也能够获得丰富的财富。这也是为什么很多名人热衷于做慈善的主要原因，他们通过施予爱和洒播善良，使自己的名声或声誉得以提升，进而能获得更多的财富。

海格力斯效应：仇恨是会不断繁殖的

法则精义：生活中经常出现这样的现象：由于误解或忌妒，两个人之间有了矛盾，这时候，如果你想报复对方，就会加深对方对你的仇恨。在这个过程中，你心中的敌意越深，对方对你的敌意也越深，直到两败俱伤。这样的现象延伸出海格力斯效应。

应用要诀：海格力斯效应告诫我们：仇恨是会不断地繁殖的，你如果无法释怀，它就会像雪球一样，越滚越大，最终是害人伤己。要知道，内心充满仇恨对人是一种折磨和伤害。所以，去恨一个人比伤自己还要恐怖。被恨的人是受不到什么伤害的，而去恨的那个人只会让自己伤得越来越重，其生活只会被尘霾和阴冷所笼罩。所以，我们要懂得放下仇恨，以求解脱。

以牙还牙只会不断地激化矛盾

海格力斯效应主要阐明了仇恨是会不断繁殖的，它是解决人际矛盾和冲突最差劲的方式。怀着仇恨只会使矛盾越来越深，人际关系变得越来越差。

在希腊流传着一则发人深省的寓言故事：有个叫海格力斯的大力士，一天他在山路上行走，看到有个鼓鼓的袋子模样的东西横在了路中间，他嫌它难看，又怪它挡住了自己的道路，便狠狠地朝那东西踩了一脚。谁知那东西居然迅速膨胀起来，而且越变越大。海格力斯又惊又气，操起一根碗口粗的大棒便朝那怪东西砸了下去，怎料那东西成倍成倍地变大，最后竟把路封死了。海格力斯正无计可施，这时恰好有位圣者路过，他给了海格力斯一个忠告："朋友，你别再动它了，忽略它、忘记它吧。它叫仇恨袋，你不侵犯它，它就像你初见时那样小，你要是总是记着它、冒犯它，它就会马上膨胀起来，和你对抗到底。"

仇恨就像海格力斯在路上遇到的那个古怪的袋子，起初它本来是很小的，假如你能宽大为怀，选择忘却，那么任何人都不会受到伤害，但是如果你选择了记恨和报复，那么仇恨便会成倍地膨胀，直至你无法收场。

俗话说得好：冤冤相报何时了。以怨抱怨是解决矛盾和纠纷最差劲的一种方式，它很容易让我们陷入以牙还牙、以眼还眼的恶性循环，导致玉石俱焚的可怕后果。与其如此，还不如大度一点，包容和原谅对方的过失，主动和别人冰释前嫌，把敌人变成朋友。这样对双方都是有好处的。

卡尔是一个专门从事砖块生意的商人，由于生意兴隆，遭到了竞争对手的妒忌，那名对手到处传播谣言，诋毁他的信誉，还贬低其砖块的品质。人们信以为真，不再向卡尔购买砖块，公司损失了很多订单，卡尔非常愤怒。

星期天早上，卡尔去教堂做礼拜，听牧师宣讲如何施恩于那些为难过自己的人，怎样和别人化敌为友。卡尔很赞同牧师的说法，觉得他说的句句都是金玉良言，不过要把这样的观点运用到现实生活中，卡尔觉得自己真是做不到。他的竞争对手实在太卑鄙了，所作所为真是让人难以原谅。这样的人难道也能成为自己的朋友吗？

到了下午，卡尔还在思考牧师的话，正在他感到矛盾的时候，忽然听说弗吉尼亚州有个客户正在建造办公楼，需要的砖型恰好是竞争对手售卖的那种。由于自己公司不生产那种砖，他没办法接下那单生意，不过他可以把生意转给竞争对手，以此证明牧师的话是错误的。他想，以竞争对手的品行，即使受了别人恩惠也不会知道感恩，搞不好他还在琢磨使用什么更卑劣的伎俩呢。

这样一想，卡尔便迅速拨通了竞争对手的电话，把弗吉尼亚州的那笔生意介绍给了他。没想到竞争对手竟对他十分感激，并且由衷地感到万分羞愧。后来，竞争对手再也没有散布过不利于卡尔的谣言，还主动把自己做不了的生意转给卡尔做。此后，卡尔的生意越来越好，他万万没有想到，感化了一个敌人，他真的多了一个朋友。

以德报怨是化敌为友最好的方式，只要你能做到得饶人处且饶人，用宽仁代替仇恨，那么必然能收获善果。世上没有永远的敌人，也没有解不开的仇恨，只有一颗不肯原谅的心。宽恕别人，其实也是宽恕自己，冤冤相报只会制造更多的痛苦。与其让仇恨啃噬内心，还不如放下一切，主动化干戈为玉帛，与敌人相逢一笑泯恩仇。这样做既卸下了自己的心理负担，又给了别人一次改正的机会，何乐而不为呢？

饶恕别人，就是放过自己

海格力斯效应告诉我们，仇恨除了会不断地激化矛盾，使自己陷入痛苦外，无法解解任何的问题。所以，从理性的角度分析，当我们被仇恨折磨时，就要学着去释怀，懂得去宽恕别人，这样才让自己的精神得以解脱，这也是在放过自己。

很多时候，怨恨是一个人对受到深深的、无辜伤害的自然反应。无论它是被动的还是主动的，仇恨都是一种郁积着的邪恶，它窒息着快乐，危害着健康，它对仇恨者的伤害比被怨恨者更大。而清除怨恨最直接有效的方法便是宽恕，宽恕必须承受被伤害的事实，要经过从怨恨对方，到"我认了"的情绪转折，最后认识到不宽恕的坏处，从而积极地去思考如何原谅对方。

饶恕和宽容是一种能力，一种停止伤害继续扩大的能力。宽恕不只是慈悲，也是修养。

如莎士比亚说："不要因为你的敌人而燃起一把怒火，热得烧伤你自己。"它旨在告诫我们，宽恕他人，其实就是熄灭了烧伤自己的火把。艾森豪威尔将军的儿子约翰说："我父亲不会一直怀恨别人。"他还说："我爸爸从来不浪费一分钟，去想那些不喜欢的人。"

为此，我们面对伤害，在痛苦之余，一定要懂得宽恕，这并非做没有原则的人，也不是给予对方的福利，而是宽恕是强者的行为。当你愿意看开别人给予的伤害，在这一刻，你已经超越了他的境界，成为比他还要强大的那种人。

对等吸引率：想让别人喜欢，那就先喜欢上别人

法则精义： 对等吸引率又叫互悦机制，即指人们通常所说的两情相悦。在人际交往中，具体是指人的感觉是互通的，当你喜欢或不反感对方时，对方也会喜欢或不反感你。

应用要诀： 对等吸引率在人际交往中的具体应用是：既然人的感觉是互通的，那我们想让他人喜欢上或对我们不反感，那我们就首先要对别人表现或流露出极大的兴趣，这是赢得良好人际关系的重要方法和前提。当你赢得对方好感后，再进一步提出自己的请求或要求，便容易被对方接纳了。

赢得别人的好感，首先要表现出对别人有好感

对等吸引率在生活中有着极为广泛的应用，我们可能常有这样的体验：自己喜欢的人，往往也喜欢自己，两个人知道彼此的心意后，往往会互相喜欢得更深。生活中，所谓的"两情相悦""相看两不厌"都是对等吸引率在起作用。那么我们为什么会喜欢上喜爱自己的人呢？喜爱我们的人为什么又恰巧是我们敬爱的人呢？难道世间真有一种神秘的力量能让两个互相喜欢的人不约而同地走到一起？

事实上，人的感觉是互通的。假如有一个人欣赏你、喜欢你，就算没有直接用言语表达出来，也会通过眼神、动作、表情等将那份信息传达出来，和这样的人相处，你会自然而然地感到愉快，毕竟所有的人都期待得到他人的赏识和认可，当这个人站到你面前时，

你便会觉得此人彬彬有礼、分外亲切，然后会不由自主地喜欢上对方。换作别人也是同样的道理，如果你主动向他人传达出友好的善意，表达出了对对方的赞赏和喜爱，对方也会不知不觉地喜欢上你。从这种角度来说，人与人之间的喜欢未必是同步的，但是"喜欢"这种感觉是可以互相传染的，你喜欢别人，别人就会喜欢你。所以要想赢得别人的喜欢，你首先要让自己喜欢上别人，这就是人际交往的基本法则。

有位花匠被法官雇来美化庄园，法官向他提出了许多建议。花匠连连点头，非常佩服地说："法官先生，您懂的可真不少啊。看来您不但博学，还很有生活情趣啊。我特别喜欢您家那条漂亮的狗，据说它在家犬大奖赛中表现出色，赢得了不少蓝彩带。"法官听到这样的赞美，高兴极了，他开心地说："是啊，养狗确实很有意思，你想参观一下我家的狗舍吗？"花匠欣然同意。

法官用了一个小时带着花匠参观狗舍，并向他讲述狗儿们在各种大赛中赢得的奖项。随后他问花匠："你有孩子吗？"花匠说："有。"法官又说："他想养一只小狗吗？"花匠说："当然想啦，他很喜欢小动物，如果能有一只小狗，他一定会很开心的。""那我送给你一只小狗吧。"法官慷慨地说道。接着他耐心地传授了如何喂养小狗的方法，由于担心花匠会记不住，便热心地把这些建议写在纸上了。

法官花了将近一个半小时和花匠交谈，还赠给了他一条价值100美元的小狗作为礼物，两人分别时已然成了朋友。显然，这位法官很喜欢那名花匠，这是因为花匠真诚地喜欢他，对于他的爱好以及他的生活真心地感兴趣，两个彼此欣赏的人就这样由原来的陌生人成了可以亲切交谈的朋友。

既然对等吸引率在人际交往中如此奏效，那么我们如何率先传达出友爱的信息，让别人知道我们喜欢他或她呢？当然我们不可以直接告诉对方：我很喜欢你。因为那样做太直接太冒失了。最恰当的方式莫过于真诚地欣赏对方身上的优点，言辞之间流露出对对方的钦佩和赞美之情。需要注意的是赞美一定要发自真心，千万不能给人留下虚伪的印象。

对等吸引率告诉我们，爱人者人恒爱之，敬人者人恒敬之。你以友善的方式对待别人，别人也会回馈给你同样的友善。你真诚地欣赏和关心别人，别人也会用同样的态度对待你。喜欢是相互的，友好也是相互的。聪明的人从不强求别人喜欢自己，而会先让自己喜欢上别人，设法满足他人的心理需要，以此赢得别人的好感，换来真挚的友谊。

向对方表达真诚的"友善"与"兴趣"

奥地利著名心理学家亚佛·亚德勒写过一本叫作《人生对你的意识》的书。在书中他说："对别人不感兴趣的人，他一生中的困难最多，对别人的伤害也最大。所有人类的失败，都出自这种人。"从交际心理学的角度分析，交流不仅是两人思维和语言的碰撞，更是两人情绪或情感的互动，你若对别人表现出积极的、热情的、感兴趣的情绪来，那么，对方便很容易能感受到你的这种积极能量，进而也会在内心激发出对你的友善、好感和兴趣来。如此，交流便能顺畅地进行下去，很容易达到你的社交目标。

对此，哈佛人际关系学家曾做过这样的测试：

首先，让参与测试者写下自己所喜欢的人的名字，从最喜欢的人开始依次写在纸上。接下来，让受测者将他认为喜欢自己的人的名字，也依照想象中的喜欢程度，依次写在方才写下的名字的左边。通过对 1000 位受测试者的答案分析得出结论：他自己所喜欢的对象和喜欢自己的人，两者的次序基本上是一致的。

这个测试的结果不算完善，其中的偶然性较大。但是它在某种程度上说明了这样的道理：在你喜欢别人的同时，别人也在喜欢你。如果你想得到别人的喜欢，就要先喜欢上别人。只要你喜欢别人，别人就会喜欢你——这是不容置疑的交际真理。

交际场上的魅力达人，向来都遵循这样的交际原则，在别人还未喜欢上他们之前，他们先会想方设法对别人感兴趣，表达出友善，从而达成良性和谐的人际互动。

"如果那个人喜欢我，我才会喜欢他"，这是多数人所持的交际论调，这样的人是幼稚和愚蠢的。如果你不喜欢别人甚至厌恶别人，却妄想让别人去主动喜欢你，这是消极的社交方式，很难获得好的人际关系。试想：谁会去把一个对自己毫不关心的人当作朋友呢？

生活中，还有一种人，他们在与别人交谈时，会完全忽略对方说的话，只有在某个词语引起了他们的兴致时，他们才会突然打断别人的话，然会围绕这个词语侃侃而谈。这样的人一般都是较为自私的人，这样的人是毫无智慧可言的，也不会拥有真正的友谊。

所以，如果你希望别人喜欢上你，那么，你就先要在见到别人的时候，发自内心地对别人表现出极大的兴趣和热情，表达出你的诚意来。这是获得他人认可和喜欢的极为重要的社交原则。

当然，要做到这点，你需要注意以下两点。

1. 对别人表达出你真诚的友善，一定要发自内心，否则，你的"皮笑心不悦"的尴尬表情很快会出卖你。也许你真的对某个人表现不出极大的兴趣来，那么，请你至少要向对方表现出足够的尊重和真诚。

2. 所谓的真诚，即指用平和与自然的态度去对待周围的人与事物。不卑不亢，不隐藏、不做作，对人不过度防范，这是符合人性的体现。

犯错误效应：大神，你犯错的样子真可爱

法则精义：犯错误效应也称白璧微瑕效应，即小小的错误反而会使有才能的人的人际吸引力提高。

应用要诀：犯错误效应在社交中有着广泛的应用：一个人如若表现得太过完美，会给人不真实和不接地气的感觉，如若能犯点无伤大雅的小错误，则会增强其真实度，从而使其吸引力增加。这告诫我们，如果你是一个强者或在他人心中有着完美的形象，就不要再过于包装自己，追求锦上添花，而应当适当地"示弱"，适度地暴露一些"瑕疵"，反而会赢得更多的人喜欢。

过分"包装"自己，不如适时暴露你的缺点

犯错误效应结论的得出，源于美国社会心理学家埃利奥特阿伦森的一个实验：

在一场竞争激烈的演讲会上，有四位选手，两位才能出众，几乎不相上下；另两位才能平庸，才能出众的一名选手在演讲即将结束时不小心打翻了一杯饮料，而才能平庸的选手中也有一名碰巧打

翻了饮料。实验的结果表明：才能出众而犯过小错误的人更具有吸引力，才能出众但未犯过错误的排名第二，而才能平庸却犯错误的人最缺乏吸引力。

这个结论让人感到有些不可思议，但事实就是如此。对于此，心理学上认为，能力非凡的人，总给人一种不真实的感觉，人们对这样的形象不会真正地接纳和喜欢，而是会选择有距离地敬而远之或敬而仰之。鲁迅先生曾说："凡是神圣的、神秘的事物都是值得怀疑的。"太过完美者，给人不接地气的感觉，只会让人敬而远之。

同时，从自我价值保护的角度讲，人们通常都极为喜欢有才能的人，才能与被喜欢的程度成正比。但是，凡事都有一个限度，如果一个人能力过强或者表现过于突出，强到足以使其他人感到自己的卑微无能和价值受损，事情就会向反方向发展。人首先是进行自我价值保护的，任何一个人，无论如何不可能选择一个总是衬托出自己无能和低劣的对象来喜欢。相反，一个犯小错误的能力出众者则降低了这种压力，缩小了对方的心理距离，保护了对方的自尊，因而也能赢得更多人的喜欢。比如大物理学家爱因斯坦，因为太有才能，所以给人高高在上的感觉，因为人设太高，所以普通人只会觉得他高高在上。但是，爱因斯坦做出了这样一个举动：他帮助邻居家的小姑娘做算术题，并且还津津有味地吃小姑娘给他的甜饼，这样的"瑕疵"就拉近了他与普通人的心理距离，从而使他变得更可爱，增加其吸引力。这件事如若发生在普通的或平庸的人身上，可能就美感尽失，发生在爱因斯坦的身上，才会让人觉得他可爱、接地气。所以，在现实生活中，如果你是一个能力超凡或在他人心中有着完美形象的人，那就不要再过分地"包装"自己了，而是要懂得"示弱"，适当地暴露一些"瑕疵"，以使自己成为更受欢迎的人。比如，你是一个高高在上的领导，如若在平时能适当地暴露自己的一些"小缺点"，会增加你的亲和力，使员工更愿意和你打交道；如果你是一个受人敬仰的学者，如若能适当地来点"搞怪"的行动或语言，反而会使人们因为你的接地气而更喜欢你。

敢于亮出缺点的人，更受人欢迎

犯错误效应指的是：一个能力强者与其花心思去完美地"包装"自己，不如适当地"示弱"或向人亮出缺点。其实，在现实交际中，普通人的交际也适合运用这样的方式，即要想获得他人的认可，与其使劲地展示自己的优点，不如勇敢地亮出一些无伤大雅的缺点。有些人可能认为，要推销自己不就是尽全力把自己的优点亮给对方吗？只要你优点多多，别人怎么会不接纳你呢？

其实不然，你的优点多多，别人会觉得你过于自大，盲目自信，很容易对你不屑一顾。就像在商场上卖东西一样，促销人员总把自己的产品说得天花乱坠，完美无瑕，最终会让消费者产生逆反心理：故意这么"吹"，无非是想让我买产品，我偏偏就不买！看你能把它吹到天上去！最终的销售结果往往是事与愿违。

同样，"推销自我"也是这样的一个过程。

在交际场上，绝大多数人都会先把自己的优点展示给别人，而到后来，慢慢暴露出来的都是他的缺点，如此，他带给人的往往是失望和灰心，那么，以后大家对他的兴趣便自然会逐渐减退。

相反，如果你事先向别人展露的是你的缺点，比如，你会向对方说：

"我这个人很情绪化，脾气不太好，请您以后多多担待！"

"我这人有点懒惰，是个标准的'起床困难户'。"

"我本人有点完美主义，以后挑你的'刺'时，你可别生气哦！"

……

当你这话说出口，一方面大家都会觉得你是个谦虚的人，另一方面，你先把缺点展露出来，大家在以后便很容易发现你身上的优点，也就是说，在以后与他人相处中，你带给别人的处处都是惊喜，那么，别人自然也会对你越来越感兴趣，你也自然会拥有和赢得良好的人际关系。

登门槛效应：欲想得"尺"，必先进"寸"

法则精义： 登门槛效应又叫得寸进尺效应，指的是一个人如果答应了别人的一个小要求，为了给人留下前后一致的印象，很有可能会答应更大的请求。这个过程就像一级一级地登台阶一样，所以被形象地称为登门槛效应。

应用要诀： 登门槛效应在社交中有着极为广泛的应用，即当我们想让对方答应我们的要求时，你可以先提一个小的要求，再一步步地提出更高的要求，这样更容易达到既定的目标。

从"小"入手，实现大目标

在社交场中，你若开口就提一个较大的要求很有可能被断然拒绝，为了避免被一口回绝，你可以尝试着先提一些微不足道的要求，征得对方同意后，再一步步提出更高的要求，这样就比较容易达成目的了。这就是心理学中的登门槛效应在起作用。

在销售领域，许多推销员都是善于运用登门槛效应的高手，他们上门推销不会直接要求顾客购买商品，而是趁对方把门关上之前，努力把一只脚伸进门缝中，只要不吃闭门羹，得到了和对方对话的机会，就能步步为营地实现推销的目的。很多商家也经常运用登门槛效应谋利，他们会把商品或服务的初始价格定得很低，然后以各种理由一点点加价。在日常生活中，登门槛效应也是普遍存在的。比如一名男子对一位美丽的女孩一见倾心，如果一开始就要求对方嫁给自己肯定是会被拒绝的，但是若只是要求对方和自己喝喝咖啡或者一起到户外散散步，多半都能得到肯定的答复。再比如你想向朋友借 10000 元钱，多半会被当场拒绝，若是改变策略，每次只借 1000 元的生活费，一般情况下，朋友会慷慨相助的。登门槛效应告诉我们，如果想让别人接受自己的要求，不妨先提有些简单而相似的小要求，最好让别人感到那些不过是举手之劳，对方若是答应了，再慢慢提出更高的要求，这样做成功的概率就会提高很多。

一般情况下，人们很难接受较高较难的要求或违反个人意愿的请求，但是普遍乐于承诺轻而易举就能办到的事情，因为对于那样小的请求实在找不到拒绝的理由，出于礼貌只好答应了。面对第二次请求时，假如应承下来不会给自己带来较大损失的话，通常会自然而然地答应对方。因为他们不想给人留下反复无常的坏印象，且抱有"既然已经帮他一次了，再帮一次又何妨"的心态，这时登门槛效应就开始发挥作用了。

在说服别人的过程中，如果你学会了运用登门槛效应，往往会更容易达成目的。当你向对方提出若干个差距不大且都是成本较低的小要求时，可以直接请求对方。但是若你提的要求过高，直接开口，必然遭到对方强烈的抵触，这时不妨采用"登门槛"的办法逐渐缩小目标差距，这样做往往能收到奇效。

分解你的目标，一步步实现大目标

登门槛效应在现实中有着极为广泛的应用。加拿大的心理学家研究发现：如果直接提出要求，多伦多居民愿意为癌症学会捐款的比例为46％。而如果分两步提出要求，前一天先请人们佩戴一个宣传纪念章，第二天再请他们捐款，则愿意捐款的人数比例几乎增加了一倍。对此，心理学上认为，在一般情况下，人们都不愿意接受较高较难的要求，因为一旦做出承诺就必须付诸行动，而实现它就需要耗费大量的精力与时间，而且不容易成功；相反，人们却乐于接受一些比较小的、易完成的要求，只需举手之劳便可以获取对方感激，何乐而不为呢！从这一点上来讲，人内心的接纳程度，都有一个循序渐进的过程，通常是先接受对方较小的要求，再慢慢地接受较大的要求。而登门槛效应的产生源于人们希望保持前后一致的公众形象的心理。人们都希望自己在别人眼中前后言行一致，不希望被别人视为喜怒无常的人。当对方提出一个微不足道的请求时，如果加以拒绝就会显得不近人情。即使对方的要求越来越过分，但为了维护一贯的良好印象，人们还是会继续答应对方的要求的。再加上人们在不断满足小要求的过程中逐渐习以为常，全然不觉对方的要求已经远远背离了自己的初衷。在日常生活中，当我们向别人提出请求时，如果一开始就提出较高的要求，很容易遭到拒绝；如果我们先提出较低的要求，得到对方的许可后再逐渐增加要求的分量，则更容易达到目标。比如，男士在追求心仪的女孩时，并不是一开始就提出让她嫁给自己，而是通过频繁地约会、聊天，逐渐建立起恋人关系，等到时机成熟后再向她求婚；我们到商场闲逛时，销售员并不是一见到我们就提出购买的要求，而是笑吟吟地让我们随意试穿，并不失时机地夸赞一番，这时我们就会不知不觉地买下这件衣服；在职场中，领导担心给下属的工作过于繁重，让他们产生畏难情绪，常常是将一个复杂的项目分解为一个个较小的任务，等到第一个任务完成后，他再接着分配更难的任务，直到完成整个项目。

250 定律：得一人之心，如得百人之心

法则精义： 美国著名推销员乔·吉拉德说，每一名顾客身后，大约站着 250 名亲友，假如你的服务能让一位顾客满意，那便意味着你一下子就赢得了 250 人的好感；假如你不小心得罪了一名顾客，则意味着你同时得罪了 250 名潜在的顾客。这就是著名的 250 定律。

应用要诀： 250 定律运用到商业领域，印证了"顾客就是上帝"的生意法则，它告诉所有从事推销和服务行业的工作人员，要认真地对待每一名顾客。这一定律运用到人际关系上，则另有一番含义，它指的是你务必善良地对待每一个人，因为每个人身后都站着一个亲友团，它是一个数量不小的群体，你善待一个人，得到一个人的感激，就等于博得了一群人的好感和喜爱。反之，你得罪了一个人，就等于得罪了一个群体，不知不觉中就多了许多敌人。

撒播善良：友善地对待每个人

250定律在个人交际中有着广泛的应用，它告诫我们，在社交中要懂得撒播善良，去友善地对待身边的每一个人。

友善地对待每一个人，给别人点燃一盏明灯，不仅能照亮广阔的天地，还能照亮自己的内心。不要轻慢和蔑视任何人，即使他是一个落魄者，即使他是一个毫不起眼的小人物，即使他是一个与你擦肩而过的陌生人，都值得你认真对待。你向别人施加恩惠，自己也将受益无穷，因为你善待的不仅仅是一个具体的人，还是一个庞大的群体，谁也不能预知这个群体会给你的人生带来怎样的影响。

萨莉是一个刚入行不久的出纳员，第一天上班她显得局促忐忑。由于此前生活贫困，在很长的一段时间里她只能靠领取救济金生活，后来她做过招待员，卖过塑料制品，不过仍然不能维持日常开销。对于这份新工作，她感到非常满意，所以在主管面前表现得毕恭毕敬，恨不能把她的每一句话都默记下来。

主管把一般性的业务流程教授给了她，之后给了她一个建议："要善待每一个人，不要因为某个人穿着简陋，随手递给你一沓脏兮兮的零钱，就不把他当成个人物。"萨莉把这句话牢牢地记在了心上。她十分认同主管的看法，是的，虽然人的社会地位有高有低，但每个人都应该得到尊重和善待。她想起找工作时排队等着面试，一等就是好几个小时的场景，又想起了那些排长队领食品券的日子，别人对她的态度就仿佛她根本就不存在一样。那种感觉太糟糕了。

　　萨莉着手工作时，对每一位顾客都报之以善意，她热情地向窗口前的顾客打招呼，还努力地记住他们的名字，博得了很多顾客的好感。她和善的态度赢得了顾客的广泛认同，也得到了同事的认可，以至没过多久主管就让她担负起了培训新员工的工作。新来的员工叫莱斯莉，萨莉向主管培训自己那样，先是讲完了一般性的工作流程，然后特别强调说善待每一个人是非常重要的。莱斯莉虽然刚来，但也看出了萨莉的与众不同之处，她说："你一向对每个人都很好。"同事贝丽卡赞同地说："是啊，她甚至对某些顾客说波兰话，有些老人只爱对着她唱歌。"

　　萨莉不但对每位顾客很友善，对待每位同事也都十分友好。她和贝丽卡、莱斯莉一直相处得十分融洽，莱斯莉调走以后，两个人依然保持着电话联系。后来萨莉离开了银行，和别人合伙创办了一家公司。在五年的时间里，公司一步步发展壮大，她的合伙人有意出卖自己持有的股份，萨莉很想买下股权，可惜没有足够的资金。正当她犯愁的时候，贝丽卡向她伸出了援手，把她介绍给了自己的朋友们，为她争取贷款。没过多久，她就和贷款负责人见面了，万般没有想到那名负责贷款业务的主管居然就是莱斯莉。莱斯莉说萨莉是自己见到过的最好的老师，她就是从萨莉那里学会怎样对待顾客的，现在她要用同样的方式对待萨莉。

　　贷款申请很快被批准了，萨莉有了足够的资金以后，顺利收购了合伙人的股权，把公司变成了专属于自己的企业。六年后，公司发展成了一个拥有百名雇员的中型企业。萨莉凭借着从做出纳员时学到的东西，在业界赢得了广泛的赞誉，事业越做越成功。

　　你对一个人释放善意，得到的回馈可能是无数倍的善意。每个普通人身后，都有一个稳定且规模不小的群体，你赢得了一个人的心，也就等于赢得了无数人的心。不要轻易放弃任何人，任何一个生命都是值得尊重和善待的。你善待别人，别人也会善待你；你给别人照亮一段路，别人也许会为你照亮全程。你的收获永远都比付出多。

马克·吐温说："善良是一种世界通用的语言，它能让盲人看见，聋人听到。"友善对待每一个人，自己的灵魂将得到净化，这个世界也将变得更加美好。不要用功利的眼光把人划分为各种类别，即便和你在利益上没有牵扯的人，也能给你带来意外的惊喜。无条件地善待别人，终有一天你能得到更多的报偿。

得一人之心，如得"百人之心"

250 定律看似简单，却是乔·吉拉德这位"世界第一"的推销员的毕生经验总结，说服力自然是不言而喻。对于在商战之中沉浮的经营管理者来说，250 定律也确实是一盏指路的明灯。比起其余理论性的定理，250 定律不仅对管理者的行为提出了实实在在的要求，也提供了十分明确的做法意见。重视顾客、善待顾客，这就是乔·吉拉德给经营管理者们最为关键的启示。

在连政府都开始向服务型转变的今天，经营管理者们要是忽视了"为顾客服务"这一宗旨，基本上等同于宣告了自己的失败。即使向他们一再强调，但对于如何做好服务顾客这一事项，许多管理者们可能还是一片茫然。对此，吉拉德本人的故事就是最佳的服务示例。

推销员的优秀似乎总是与杰出的口才挂钩。然而乔·吉拉德本人是一位严重的口吃症患者。在 35 岁之前，他接连换过 40 多份工作，最后更是惨遭破产，负债高达 6 万美元。为了生存他不得不走进一家汽车销售店，尽管之前自己从没有做销售的经验。但这成了他成功的起点。

最初的时候，吉拉德只是漫无目的地做电话销售，但他也清醒地知道这样做并不靠谱。在一次葬礼上，他从一位殡仪馆的负责人那里了解到，每场葬礼的参加人数大约在 250 人。于是吉拉德意识到：作为推销员，首先要使顾客满意，再将满意的顾客转变成自己的推荐人。

从此之后，吉拉德对待每位顾客的态度都有了很大的变化。在每成功销售出一辆汽车的几周以后，吉拉德都会主动打电话给买主，向他们耐心询问汽车的使用状况如何，或汽车是否有什么问题。在别的销售人员看来，这根本就是在自找麻烦。但对吉拉德而言，这是在发掘未来更多的机会。即使顾客真的对汽车有什么不满意，吉拉德也一定会详细地了解相关情况，并上报公司，以求尽可能地为顾客解决问题。

不仅如此，吉拉德每个月都会向自己的顾客寄上一份慰问卡。比如，每年的 1 月，他都会寄上一封新年贺卡。在每封贺卡上，吉拉德都会写上"我喜欢你"的字样，并且签上自己的名字和笑脸。同时，他还会把他所服务的经销商的名字和地址以标签的形式贴在贺卡上，以便于所有顾客都能准确找到自己。因为吉拉德知道，每一位顾客最终都会更换汽车，而且他们的亲朋也同样会有购买汽车的需求。而他所要做的，就是让这些有需求的顾客，在第一时间想到自己的名字。事实上吉拉德确实因此获得了巨大的成功。

　　吉拉德用自己的表现，为所有的经营者和管理者们上了一堂生动形象的课。从他的故事中，我们也能够学到尽心尽力为顾客服务的方式方法及其重要性。这就是 250 定律给管理者们灌输的最根本理念。从这一定律中，围绕着服务顾客这一核心，我们也可以给管理者们更多的建议。

　　1. 不要得罪任何一个顾客。

　　这也是 250 定律最为基本的启示之一。对于任何一位经营管理者而言，自身的口碑都是十分重要的，而口碑的形成却是经过众口相传的结果。如果轻视一位顾客，使其对自身产生了负面印象，这一印象必然扩散至这位顾客背后的更多潜在顾客心里。因此，得罪一位顾客，在实质上是与 250 位顾客错身。况且这 250 人还会不断发散，到时候，经历管理者们所错过的就不再是一棵树木，而是一大片森林。

　　2. 与顾客的互动需要走心。

　　服务顾客，看似是简单的四个字，其中却有着很多的门道。经营管理者们千万要切记一点：顾客不是傻子，服务务必走心。顾客在很多时候，都能够一眼分辨出自己的言辞与笑脸是否真心，那些敷衍了事的言行就还是收起来为妙。而要做到走心，就要善于倾听，充分了解顾客的需求；同时善于关怀，做到服务周全。对此，吉拉德有一句名言："我相信推销活动真正的开始在成交之后，而不是之前。"这句话对于任何的企业经营管理者来说，都是通用的法则之一。

　　3. 要积极寻找更多的顾客。

　　每一个顾客都能给自己带来潜在的更多客户，对此，想来所有的经营管理者都不会拒绝。如果自己所做的仅仅是服务好已有的顾客，那也显然是守株待兔的做法。顾客对于任何一家企业来说，都是韩信点兵，多多益善，错过顾客也就等于错过了巨大的利益。优秀的经营管理者必然要善于发掘新顾客，这样才能像滚雪球一般，让自己拥有更多的客户，获取更多的利益。

第七章

沟通：用语言
来提升你的社交价值

与人沟通的诀窍就是：谈论别人最为愉悦事情。

——卡耐基（美国作家）

谈话的艺术是听和被听的艺术。

——赫兹里特（英国文艺评论家）

斯坦纳定理：在哪里说得越少，在哪里听到的就越多

法则精义： 斯坦纳定理是美国著名的心理学家斯坦纳提出的。即指在哪里说得越少，在哪里听到的就越多。只有很好地听取别人的，才能更好地说出自己的。也就是说，说得过多，说的就会成为做的障碍。

应用要诀： 斯坦纳定理在实际的沟通中有着极为广泛的运用，它告诫我们：1. 只有很好地听取别人的，才能更好地说出自己的，虚心听取别人的意见是一个人进步的必要条件；2. 自己意见不成熟时，就不要过多地发表意见。如果说得多了，说的就会成为做的障碍；3. 多听、多做和少说是一个人成熟的重要表现。

好口才不如善倾听

"斯坦纳定理"告诫人们，在人际沟通中要懂得少说话，善于倾听。一方面这能体现出你谦虚的品质，这能给人留下良好的沟通印象。另一方面，倾听可以化解矛盾和解决冲突。每个人都有这样的心理，当他对某事感兴趣时，就会充满热情地关注。因此，在别人说话时你认真倾听，对他来说是最好的关注，让他知道你对他说的话很感兴趣。如此，他就有了被尊重、赏识和被重视的感觉，哪个人对一个尊重和赏识自己的人没有好感呢？不管是对待亲人和朋友，还是对待上司和下属，倾听都有同样的功效，倾听他人谈话的好处之一是：别人将以热情和感激来回报你的真诚。正如戴尔·卡耐基

所说："专心听别人讲话的态度是我们所能给予别人的最大赞美，也是赢得别人欢迎的最佳途径。"由此可见，倾听对别人，是赢得对方好感、提升自身受欢迎度的重要途径和方法。

同时，懂得倾听，也是取人之长补己之短的良方。当你意见或想法不成熟时，就不要过多地发表意见。在专注的倾听中，你能了解别人的想法，从而获得新的认知和启发。更为重要的是，有时候别人真诚地向你提出劝告和建议，只要你虚心听取，认真地思考，就有可能避免不良的结局。

总之，在沟通中，无论说话者是上司、下属、亲人或者朋友，倾听都是一种强大的征服人心的语言。

当然，倾听并不仅仅是用两只耳朵听听、保持沉默而已，也是要掌握一定技巧的：

1. 保持眼神接触。

要让说话的人感觉到：你的注意力完全在他的身上。可以试想，一个无精打采的人，要么冷淡，要么孤僻，要么粗鲁，根本不关心你在说什么。相比之下，电视里的采访者就完全不同，他的整个状态展示了高度的投入与关注。所以，在倾听的时候，一定要全身心投入，就像运动员要进入竞赛状态一样。

同时，在倾听的时候，也要给讲话人一些语言上的暗示，鼓励他多说一些，例如："明白了""多给我讲一些""然后怎么样了""请继续"；注意，每一个暗示都很简短，只需要两三个词，但是这些话足以使讲话人深受鼓舞。

2. 表示同感。

如果有人告诉你，他失去了一个期待已久的晋升机会，你就应该回答道："真是遗憾，我想你肯定是失望极了。"

3. 分享谈话"核心"的角色。

在谈话的过程中，应不时"让出"核心的角色。因此，请不要总是试图"统治"与他人的谈话，而应该尽量让其他人都参与进来。例如，你可以说："莎伦，我们很想听听你在这个问题上的看法，可以给大家介绍一下吗？"

4. 把每一次倾听当作学习的机会。

敏锐的倾听者总是会留意那些不被人看好的观点。因此，即便是谈论的话题一开始显得很无趣，也请紧跟说话人的思路，而在你学习的同时，你也会获得谈话人的好感与尊重。

总之，倾听需要做到耳到、眼到、心到，当你通过巧妙的应答把别人引向你所需要的方向或者层次，你就可以轻松地掌握谈话者的主动权了。

讷于言，敏于行

斯坦纳定理实际上就是告诫我们，在平时的沟通和社交中要"讷于言"而"敏于行"，即少说，而要去多做。证明自身才能和价值的主要方式就是"行动"，而非"语言"，你说得再多，而如若做不到，那只会暴露你的愚蠢。或者说，如果你说了，而做不到，那就是在自损形象。

孔子曾说："古者言之不出，耻躬之不逮也。"意思为，古代人不轻易把话说出口，因为他们以自己做不到为可耻。在现实生活中，有的人是说了再做，有的人是做了再说；有的人说了不做，有的人做了也不说。夫子于是教诲：古人轻易不说，是害怕自己做不好，如果说了却没做好，那将多么可耻啊！敏于行而讷于言，凡事还是做好了再说。不要牛皮吹得满天飞，最后成为笑柄，不要做语言的将军、行动的矮子。

子贡是孔子的一位弟子，他机灵敏锐，长于言谈，颜回则是木讷如愚，好学善思，所谓"回也闻一以知十，赐也闻一以知二"。孔子当着子贡的面评价说，你子贡的确是赶不上颜回。在孔子看来，讷言多思自然优于善言少思。

无疑，孔子是古代的智者，在他看来，真正明智的人不随便说话，随便说话的人没有真知灼见，只有通过不言和"愚钝"才能免于流俗，才能坚守自己内在的智识，做到大智若愚。而一个滔滔不绝者，将自己的认知轻易示人，则是一种愚蠢的表现。

另外，言与行是个体生命活动的两个维度，也是其建功立业、实现人生价值的必要方式。而人的许多思想和理念应当用行动来表达，行动是最好的语言，也是获取智慧的最佳方式。

《易传》提出"天行健"，认定天通过四时运行和生成百物的"行"来成就功德，其无言而行、以行为言，正是"讷言而敏行"的理想典范。

白德巴定理：能管住自己的舌头是最好的美德

法则精义： 白德巴定理是指能管住自己的舌头是最好的美德，而善于约束自己嘴巴的人，会在行动上得到最大的自由。

应用要诀： 白德巴定理在交际沟通中的应用极为广泛，它告诫我们，管好自己的嘴巴，不信口开河，不说不合时宜的话，不在情绪激动时胡乱承诺，不去挑剔和斥责别人，不随意说人是非，不在熟悉的人面前唠叨等，就是一种美德。同时，只有善于约束自己的嘴巴的人，才能在行动上获得最大的自由。

好口才的第一步，就是管好自己的嘴巴

《伊索寓言》中有这样一个故事：

伊索做奴仆的时候，一天，主人要宴请当时的一些哲学家，吩咐伊索做最好的菜来招待。伊索思索之后，便收集了各种各样的动物的舌头，准备了一席舌头宴。

开席的时候，主人和宾客都大惑不解。伊索说道："舌头能言善辩，对尊贵的哲学家来说，这难道不是最好的菜肴吗？"客人们都笑着点头称是。主人又吩咐他说："我明天要再办一次宴会，菜要最坏的。"到了第二天，宴席上的菜仍旧是舌头。主人大发雷霆，而伊索却十分幽默地说："难道不是祸从口出吗？舌头是最好的东西，也是最坏的东西啊！"

"病从口入，祸从口出"这句话充满了智慧和真理，如果我们能管住自己的嘴巴，也许就能远离疾病，少点灾祸。然而，现实生活中，许多人爱在背后论人是非，热衷于道听途说、飞短流长，搬弄是非，常常闹得鸡飞狗跳，最终给自己招来祸患。这种人便是人人都讨厌、受人唾弃的"长舌妇"。

会说话，并不代表要多说话，真正聪明的人什么都知道，可往往什么都不说。在任何情况下，他们都能保留一份清醒和自知之明。他们明白，舌头是生活中招致祸端的根源，背后论人是非，除了排遣内心的郁闷、空虚外，不能解决任何问题，还会遭人忌恨和厌恶。可以说，好口才的第一步，就是管好自己的嘴巴：只说该说的，不说不该说的。

另外，白德巴定理也告诫我们，话语是即时性的，所谓"覆水难收"。如果不经考虑就将话说出口，伤了他人，即使事后万般解释，也难以完全挽回影响。所以更应避免因为一时冲动或大意而信

口雌黄、出口伤人。一个智者绝不会让舌头超越其思想。一个人只有深思熟虑后，才能做到少说无用的话、说好有用的话。

美国艺术家安迪渥荷曾经告诉他的朋友说："我自从学会闭上嘴巴后，获得了更多的威望和影响力。"这告诉我们，要说好话，首先要学会少说话。诚然，不多说固然是一种智慧，但人们既然生活在现实社会中，只能少说而不能完全不说。如此，既要说话，又要说得少，且说得好，这才是好口才。

一般来讲，血气只有在三思后才不会一时冲动，才能降低说出蠢话、危险话、不好听的话的概率。当然，一句在适当时机、对适当对象所说的好话，是需要有日积月累的经验才能说出来的。但我们可以做到的是，话到嘴边留三分。当一种想法、一种认识初入我们大脑时，先沉住气，冷静、客观和全面地去分析，适时权衡利弊，因人、因地、因时地去考虑，这样才能把握好说什么样的话、怎么说，才是最合适的。

为此，在生活中，我们在说话时要遵守这样的原则：急事，慢慢地说；大事，清楚地说；没把握的事，谨慎地说；没有发生的事，不要说；做不到的事，别乱说；伤害人的事，不能说；讨厌的事，对事不对人地说；开心的事，看场合说；伤心的事，不要见人就说；别人的事，小心地说；自己的事，先听听自己的心怎么说；现在的事，做了再说；未来的事，以后再说。

行动上的自由，多源于舌头上的自律

白德巴定理向我们阐明了一个道理：一个人舌头上越自律，其行为就会越自由。这里所谓舌头上的自律主要指少说话，或者不说话。要知道一个人行为上的束缚感，往往是管不住自己嘴巴造成的。

比如，朋友聚会聊天，几杯酒下肚后，人就开始兴奋起来，朋友提什么要求，你就随意答应或做承诺，待清醒后，却发现自己的承诺根本无法兑现，这就造成了行动上的不自由。比如，一个管理者，如若话说得过多，对自我的约束也就越多。所以，无论在怎样的场合，我们都要管好自己的嘴巴。

最近，刘芳一直在筹备自己的婚礼。她与男友异地七年，终于可以结束这场爱情长跑了。

刘芳是个心细的姑娘，一切的准备工作都亲自策划，满心期待地盼望着婚期的到来。为了办好自己的婚礼，当然少不了婚庆的布景主持。于是，刘芳便想到了王军。

王军是刘芳的同乡，初中还没毕业就早早地辍学谋生，后来朋友相助，陆陆续续地开了好几家婚庆的连锁店。要论知名度和服务质量，王军的婚庆公司在当地可算得上数一数二。

一次朋友聚会，王军喝到微醉，听到刘芳婚期在即，拍了拍胸脯说："婚庆的事包在我身上，不仅不收费，而且给你请最好的主持和摄影师。"可事实上，自那次散会之后，王军就万般搪塞，说最近公司的业务较多，实在没有多余的人员调配给刘芳。

刘芳清楚地知道，这不过是王军的托词。王军之所以转变态度，不过是因为说出了"不收费、高标准"的承诺。兑现吧，自己就有损失；不兑现吧，就失去了情面。就这样，王军陷入了不自由的两难境地。最终也是不了了之。自此之后，王军和刘芳之间便有了隔阂，关系也淡了许多。

其实，生活中诸如此类的事情还有很多，我们行为上的不自由甚至生活中的不顺畅，多是由嘴巴的不自律带来的。所以，在社交中，一定要懂得谨言慎行，少说话，多行动，以避免断送自己的友情，使自己陷入尴尬的境地。

缄默效应：消极的沉默，只能让你错上加错

法则精义： 在人际交往中，想要通过强硬手段让别人服从自己并不难。不少人或许因为忌惮你的淫威而选择了沉默不语，但这种暂时的缄默不过是一种消极的反抗而已，里面充斥着反叛、憎恨等复杂情绪，一旦爆发起来，后果是非常可怕的。鲁迅先生曾经说过："不在沉默中爆发，就在沉默中灭亡。"正所谓哪里有压迫哪里就有反抗，强权下的消极沉默，只能让问题越变越大，也只能让两人在互相消耗中错上加错，是极具破坏力的。心理学家把滥用强迫手段导致的沉默称为缄默效应。

应用要诀： 缄默效应阐明了一个沟通上的难题：当一个人用强制性的方法去迫使对方服从的时候，双方就无法真正地去沟通，有的只是因释放内心压抑的情绪而产生的反叛，并因此产生一系列的可怕后果。所以，真正的沟通是建立在双方平等的基础上的。

同时，缄默效应，告诫我们，沉默并不能从根本上解决问题，而是会让彼此在互相消耗中让问题越变越大，从而造成不可挽回的结果。所以，真正和谐的关系，是建立在有问题后，双方都能心平气和地积极沟通、寻找解决办法的基础上的，而不是带着情绪或强制性地去"压服"。

强制的"压服"，沟通便失去了功效

缄默效应反映的是一种表面的平静，而事实上双方的关系比剑拔弩张更糟，因为在缄默的状态下，沟通已经不复存在了，人与人

只剩下了隔阂和敌意。事实证明，强制手段并不是让他人服从自己的绝佳方法，它虽然表面看起来快捷有效，副作用却极大，采用这种方式对待他人，永远得不到尊重和谅解，得到的唯有忌惮和憎恶，长此以往，对自己对别人都没有好处。只有缺乏人格魅力和基本涵养的人，才会迷信强硬的沟通方式。真正有胸怀有气度的人，从不对任何人放狠话，也不会沉迷语言暴力的威力，而会采用更加行之有效的办法说服别人。

许多人认为语言暴力对人的伤害远不及肢体暴力或武力，所以对语言暴力并没有予以足够的重视，动辄对别人采用这种方式，甚至把沟通中的缄默和冷场当成屈从的信号。这样做，跟用武力扼杀自由言论在本质上已经没有任何区别。历史证明任何形式的暴力包括语言暴力，都不能使人真正屈服，重压可以导致一时的沉默，但沉默过后往往酝酿着更大的反抗。只有允许别人表达心声，给对方提供表达的舒适空间，让对方能敞开心扉，这样才能真正了解对方的意图和想法，从根本上解决问题。

1877 年夏，一名叫波古柳波夫的大学生因为在见到彼得堡市市长时没有马上脱帽行礼，被视为对市长不敬，当场遭到了疯狂毒打。有个叫薇拉的女孩为了阻止凶徒继续施暴，开枪射出了一枚子弹，当场被士兵逮捕。

站在审判席上，薇拉毫不畏惧，她面色坦然地控诉着暴徒的野蛮行径，然后说："我们决不能让这样的事情悄无声息地过去。如果继续保持缄默，他们会更加有恃无恐地滥施淫威，我宁可牺牲自己，也要让世人明白，决不能让那些践踏人性的人逍遥法外。"显然，薇拉的所作所为不是出于私心，她只是想阻止践踏人类尊严的暴行而已，她的高尚行为感染了很多人。在辩护律师据理力争下，法庭终于做出了正义的审判，薇拉被宣告无罪，并被当庭释放了。

薇拉的故事说明暴力压制不了正义的声音，同样的道理，语言暴力压制不了别人内心的声音。压服不等于敬服，也不等于心悦诚服，使用威胁语气说话，虽然能给别人带来一定的压力，迫使对方遵照自己的意愿行事，但对方若不是心甘情愿，根本就不可能全力配合你的工作。想要让别人敬畏自己，首先要让自己变得可敬，而不是令人畏惧。多运用一些中性温和的语言跟别人交谈，用人格魅力打动对方，对方若是崇敬你、爱戴你，自然会把你的话放在心上。反之，如果对方根本不认可你的为人，无论采用多么强硬的手段，你都不可能如愿达成目的。

简单、粗暴的沟通，是在酝酿危机

缄默效应告诉我们，简单、粗暴的沟通方式，看似能暂时创造一种和谐与平静的局面，但其实是在酝酿危机。

比如在一个家庭中，如果一个妻子总是积极主动地跟丈夫反馈她在家庭生活中遇到的各方面的问题，比如婆媳问题、孩子的教育问题等，希望丈夫能给出意见和建议，并且出面解决。这原本是比较好的现象，因为妻子没有选择极为激烈的手段去处理，而是希望通过有效沟通的方式和更为合理的方式去解决。在这时，如果这个丈夫对妻子提出的问题，表现出极为不耐烦的态度，认为妻子是小题大做、没事找事，甚至认为妻子的反馈是在制造家庭争端，挑起家庭矛盾，不仅不去正视这些问题，反而冷淡处理，言语中带着责备和讽刺的语气，甚至有的丈夫会采用暴力手段去对待妻子，以此来维持家庭的和谐。长此以往，多次沟通无效的妻子，一般都会选择沉默，因为她会发现，沉默才是保护自己最有效的方式。在妻子沉默之后，丈夫便再也没有听到妻子的反馈了，家庭好像真的变得和谐起来了。

但事实真的是这样吗？其实不是的，因为家庭的一系列矛盾还在那里，并不会随着妻子的沉默而消失，它们会在一片寂静声中悄悄地积累，越积越多，最后，不在沉默中爆发就在沉默中灭亡。

再比如，在一个企业中，领导如果不给员工设置反馈意见和建议的渠道，反而对员工提出的各种意见建议置若罔闻，甚至打压那些通过正常渠道合理表达自己诉求的员工，让这些通过正当方式给公司提意见的员工利益受损，员工就会开始保持缄默，因为趋利避害是人之常情，员工会这样想，犯不着冒着自己利益受损的风险去说真话。

久而久之，员工要么会保持沉默，要么会专挑好话来说。

在这样的环境中，员工个个都保持缄默，表现出来的是一派其乐融融，但这就代表企业内部的问题不存在了吗？答案很明显，企业的问题还在那里，只不过没有人提出来而已。

这样的缄默，导致了企业的管理者无法及时发现问题，更别说去解决问题了。如此这般，问题会持续地积累，久而久之，问题多了，企业的危机就来了。

为此，缄默效应给我们的警示是：简单粗暴的沟通方式，看上去貌似最简单、最快捷的处理问题的方法，但是在强制手段的打压下出现的缄默效应，其实是一件可怕的事情，它只会使问题变得越来越严重，从而爆发大的危机。只有以德服人，或以理服人，懂得以柔克刚，方能让人心悦诚服。

暗示效应：响鼓不用重敲，明人无须细说

法则精义：暗示效应是指在无对抗的前提下，用含蓄、间接的方式对人的心理和行为产生影响，从而使其按照一定的方式去行动或接受一定的意见，使其思想、行为与暗示者所期望的相符合。在沟通中，双方不用语言的"暗示"，比如旁敲侧击、含蓄且委婉的拒绝、比喻等暗示性的语言等，可以有效地化解人与人之间的尴尬，缓解矛盾冲突。

应用要诀：暗示效应在现实交际中有着极为广泛的应用。在人际交往过程中，我们常常会遇到一些难以直接说明的问题，此时，积极的暗示就是一种很好的沟通方法，它既能让对方真正领悟到你的意图，又不致因为问题表达太过直接导致尴尬局面的出现，就能较为容易地赢得别人的喜欢。当然，运用暗示效应的前提是对方是明白人，否则，暗示就很难达到效果。

旁敲侧击，不动声色巧成事

暗示效应告诫我们：响鼓不用重敲，明人无须细说，其在交际沟通中有着极为广泛的应用。比如，有时候你想要求人，但是迫于某种原因，自己难以明言其事，可是事情又非得求他不可，那么这个时候就只好利用旁敲侧击的暗示方式，不直接地提出请求，而让对方主动地答应和履行。

高夏与蔡田是从小到大的伙伴，高夏这个人比较能折腾，在蔡

田还很落魄的时候，高夏就已经打开了很多生意的门路。为了借高夏的门路一起做点生意，蔡田就把自己的 2 万块钱交给了高夏。可不幸的是，生意还没有开始做，高夏就因车祸身亡了。

如果在这个时候，要去向高夏的妻子要钱，实在是难以说出口。可是如果就这样算了吧，那 2 万块钱可是自己的老底，没有这笔钱自己的日子几乎就没有办法过了。

等到高夏的丧事料理完，蔡田到高夏家里去慰问高夏的妻子道："真是没有想到，事情来得这么突然，真是天有不测风云，人有旦夕祸福。没有想到我们的合作才刚刚确定方案，他就走了。这样吧，嫂子，你的生活也挺难的，高夏认识的那些人你也比较熟，你就利用那一笔钱，继续把生意做下去吧。如果需要我帮忙，只要我能够做到，我一定竭尽全力帮你。"

高夏的妻子听了之后，说道："我哪有那个本事，平时家里全靠高夏。我知道你也挺难的，高夏的事情也拖累了你不少，我明天把你的钱转给你，你自己再去找一条生意的路子吧。"

于是蔡田就这样非常顺利地拿到了自己的那笔钱。

在别人遇到丧事之时，去向别人索取款项，而且是好朋友的妻子，的确难以开口。但是，蔡田通过旁敲侧击的方式，让对方主动地把钱还给了自己，不但没有伤了彼此的和气，还增强了彼此之间的友好关系。

这种不动声色的请求方式最突出的特点就是，不明确提出你的要求，但是让对方接收到你所要求的信息。这样做有这样几个好处：第一是给对方留下了足够的面子，让他有回旋的余地和自我决断的权力，没有丝毫的压迫之嫌。第二，不伤彼此之间的和气，也就是说，无论对方答应不答应，都不会给双方造成不良的影响。

蜻蜓点水：婉言暗示胜过直截了当

暗示效应的另一种应用，就是用委婉的方式拒绝他人。要知道，在拒绝他人时，如若你直截了当、过分直白，可能伤及双方的感情，这个时候就要运用暗示的话语，用委婉的语言去化解人与人之间的不快。

其实，委婉的暗示是最好的表达方式。一方面，每个人都有自己的观点，如果你直接快人快语去反驳对方，不但难以让人信服，反而会引起无谓的争辩。另一方面，每个人所能够承受的话语程度是不同的，如果你要表达的观点正好超出了对方所能够接受的程度，那么，必然会引起对方的不悦，即便你说得很对，对方也很难接受。用委婉的方式表达，既能够保住对方的颜面，又能够让对方欣然接受。

曹操的儿子曹植才思敏捷，聪明能干，很得曹操的宠爱，他本来决定废掉太子曹丕，而立曹植。废长立幼在当时的社会被认为是不合乎常理的事，会引发政权内部的动乱不安。

有一次，曹操屏退左右的侍从，引谋士贾诩进入密室，向贾诩问话，贾却沉默不语。曹操再问，贾还是不答。这样一连几次发问了几次后，曹操终于忍无可忍，责问他："和你讲话不回答，到底是为什么？"

贾诩回答道："对不起，刚才我正好在考虑一个问题，所以没有立即回答问题。"

曹操追问："想到了什么？"贾答道："想到了袁本初、刘景升父子。"曹操大笑，决心不再废长立幼。

原来，当年袁绍就是想要废长立幼，结果导致几个儿子之间互相不服，各自拉帮结派，互相争斗不休，这才给了曹操可乘之机，灭了袁绍。

在工作和生活中，每个人都会向别人提意见，我们的意见很多时候是不容易被别人接纳的，原因就在于我们不能够很好地说服对方。为了能够说服对方，我们往往用一大堆堆砌的词向对方狂轰滥炸，让对方反感不已，根本无法考虑我们的意见是否正确。比如，在工作中，我们向上司提意见时，经常会依照普遍的逻辑，摆事实、讲道理，可是这些根本不足以打动上司，因为在他的眼里，他所经历的和见到的要比你多得多。所以，他自己的观点才是最为正确的。结果你在苦劝无效的情况下，往往会冒出一些"以下犯上"的话，这会更加惹怒对方，因为你的不尊重已经挑战了他的权威。最终，你的意见不仅得不到对方的采纳，而且会引发彼此间的矛盾。

实际上，面对这样的情况，你完全可以借助一些事情来暗示对方，将自己的观点隐藏在自己的话语中。暗示性的话语往往不具有攻击性，能够让对方静心去听、去思考。只要你的话能够让他认为你是有道理的，那么，提意见也就成功了。

委婉暗示就意味着没有了攻击性，这比充满攻击性的直截了当要有效得多。很多时候，对方明白我们在表达什么，但就是无法接受，主要因为你的话太直白，让对方出于面子的考虑，不得不将我们拒之门外。如果我们能够旁征博引，用一些隐晦的方式将自己所要说的话表达出来，那么对方就比较容易接受。

总而言之，在说话的时候，我们一定要学会用委婉的方式来暗示对方，特别是在说一些可能引起对方不快的话的时候，九曲十八弯地一绕，往往就把能够引起对方的不快给消除了，这样你的话语就可以发挥作用，让对方接受你的观点。

不便直言，就采用含蓄的暗示语言

在交际中，当你无法直截了当地说出自己想法时，我们可以用含蓄的暗示语言或者暗示性举动向对方发出某种信息，以此来影响对方的心理，使其不自觉地接受一定的意见、信息或改变其行动。

一次，在一个小区的居委会里，几位老太太反映晚上不安静。楼上的年轻人每天很晚还在忙来忙去，老人们在楼下很难睡安稳。这属于两代人的生活习惯问题，作为居委会领导，如果直接去训斥这些年轻人，一定会激化矛盾。

于是，居委会大妈想了这样一个办法，她在与这些年轻人闲谈时，讲了这样一则笑话进行暗示：在一个居民楼里，楼上住着一位青年，楼下住着一位老人，经常难以入睡。而楼上那个青年恰巧又上晚班，青年每天回家，双脚一甩，鞋子"噔噔"两下，重重地落在地板上，每次都将很不容易才入睡的老人惊醒。老人在第二天就向青年提了意见，当晚小青年下班回来，习惯性地甩出了一只鞋，刚甩出第一只鞋之后，他意识到不应当，便轻轻地脱下了第二只鞋。第二天一早，老头埋怨小伙说："你一次将两只鞋甩下，我还可以重新入睡，你留下一只没有甩，害得我等你甩第二只鞋等了一夜。"

笑话说完，青年们并没有觉得好笑，而是悟出了笑话是有所指的，他们明白了自己的不礼貌行为。从此之后，楼下的老人晚上开始睡得安稳了。

这种模糊性的暗示语言艺术有一定的灵活性，力避被动，争取主动。当然，暗示性的语言概括起来大致有以下几种，掌握了便可以运用，也可以捕捉对方的暗示：

1. 故事暗示：以讲故事的方法暗示对方。

2. 笑话暗示：说话中依靠某种隐蔽的观点，使他人形成一种印象，认为这些观点正是自己思维的产物，并于脑中形成思维定式。

3. 诙谐暗示：即以诙谐、幽默的语言向被暗示者传递信息。

4. 故意把话题引开，以暗示自己内心的想法。

A：王进竟然当上了部门领导，像他这样没业务水平的人，也能做领导……

B：昨天我把你推荐的药给孩子吃了，还挺管用呢！

A：在他手下，以后的工作业绩很难提升了！

B：我给我妈也用用，她总是感冒……

从以上两个人的对话中，不难看出，一再岔题，是为了向对方暗示：他不愿意在背后议论别人。如果知趣，说话至此，也该停止对别人的议论了。

5. 侧面暗示：从侧面提出一些看似与主题无关的话题，可以借此来达到启示、提醒、劝阻、教育他人的目的。反过来，你也可以从侧面领会对方说话的意图。

6. 比喻暗示：用比喻的方式进行暗示。

这种方式一般在回绝对方的恋爱时用得比较多，比如，在适当时候，如果能够巧用一些特别的事物，则能达到巧妙回绝的效果，但是回绝时应该尽量婉转一些、谦逊一些，以免伤害对方的自尊心。

一个姑娘与小伙子第一次约会后，就婉言提出了不再见面的想法。谁知第二天，小伙子竟然找到了姑娘的单位，请求再次约会。于是，姑娘对小伙子说："我现在正忙于公司的事务，实在抽不开身，真对不起，你请回吧！"

下班后，姑娘发现小伙子还待在单位的门口，于是买了一个泡泡糖递给他，寒暄几句后便匆匆告辞。

姑娘的这一举动是借物喻人，借泡泡糖的易破裂来否定一厢情愿的爱，向小伙子表明：两人之间的关系还是到此为止的好，既达到了拒绝的目的，又没伤及对方的自尊心。

7. 反问暗示：反问暗示很大程度上取决于对方的智商，因为谜底被深深地埋在谜面下。

8. 借物暗示：在同一语境中，故意说其他事来表达心声。

逐客令也要下得富有人情味

现实生活中，我们总会遇到一些"好聊"人士，他们在客厅或者办公室里东拉西扯。最让人郁闷的是，有些话题你毫无兴趣，他却滔滔不绝、没完没了，一点停下来的意思都没有。有的时候，我们想要有时间做自己的事，他却在你的旁边没完没了地唠叨，扰你清静，就是不提告辞。这时，心软又好面子的人，如果不阻止，只会浪费自己的时间，而如果强制逐客，往往会伤了和气。这个时候，就要运用暗示效应。即运用高超的语言技能，既不挫伤好聊者的自尊心，又能让对方知情识趣，给对方留个台阶。如此一来就可以省出时间，做更要重要的事情了。

一次，一位朋友到张悦家中做客，那位朋友待了很久都没有想要走的意思。无奈之中，张悦心生一计，对朋友说："我新买了一套餐具，很是漂亮，你帮我看看怎么样。走，我们到厨房看看。"朋友听到欣然而起，于是就陪张悦到厨房，夸赞一番后，说："这些餐具真不错，今晚做饭就试着用用，一定能让人多吃不少饭呢！"这时，对方又下意识地看了看窗外，说："你看，天色也不早了，我也该回家做饭了。"

张悦将意图隐藏在行为中，聪明的人一下子就能明白其中的意思，既达到了拒绝的目的，又不伤感情，很是巧妙。

聪明者在下逐客令的时候不会很直接，他会用隐蔽的语言或行为去暗示对方。比如，他会说："我多想和你多说说话啊。不过，我最近接了一个繁重的工作项目，一定要赶工了，争取明天交上去。有时间，咱们也聊个通宵。"

或者，我们可以说："下周要完成任务，你看我最近加班加得都没什么精神，你可千万别见怪啊！"这句话的潜台词就是："我最近非常忙，还要赶进度，没有那么多时间和你闲聊。"

再比如，我们也可以说："最近我老公感冒，晚上还要加夜班，很辛苦。咱们说话是不是轻一点儿？"这句话用商量的口气，却传递着十分明确的信息：你的拜访妨碍了我丈夫的休息，我们还是下次再聊吧。

其实，隐晦曲折地表达自我意图的方法有多种，这样既委婉地维护了彼此的感情，又让自己的事情得以解决，可谓两全其美。

在任何情况下，我们讲话都要有点风度，给人留点面子，不要太过直白。即便你是在谢绝别人的来访，也应该努力以一种平静而诚恳的神情讲话。因为在一般情况下，对于一个客气的"逐客令"，人们是不会有非议的。

雷鲍夫法则：赢得信赖感的沟通方法

法则精义：雷鲍夫法则是由美国著名的管理学家雷鲍夫提出的，他从语言与沟通的角度总结出了人们建立合作与信任的规律。具体内容如下。

1. 最重要的八个字是：我承认我犯过错误。

2. 最重要的七个字是：你干了一件好事。

3. 最重要的六个字是：你的看法如何。

4. 最重要的五个字是：咱们一起干。

5. 最重要的四个字是：不妨试试。

6. 最重要的三个字是：谢谢您。

7. 最重要的两个字是：咱们。

8. 最重要的一个字是：您。

应用要诀：雷鲍夫法则向我们展示了建立合作与信任的沟通规律，你若能经常使用，则会事半功倍。

建立信赖感的沟通法则（一）

仔细研究雷鲍夫法则的八条定律，你会发现它们是一个不断渐进的过程。要建立合作与信任的基础，最为重要的就是要认识自己和尊重他人。而上述的渐进式的表达方式无疑是进行这一过程的最好表现。下面逐步分析：

1. 最重要的八个字是：我承认我犯过错误。

这是在主动承认错误，是一种谦虚的表现，这种态度能促进自身不断地反省，从而提升个人能力。

在1990年2月，通用公司的机械工程师伯涅特在领工资之时，发现了少了30美金，这是他一次加班应得的加班费。为此，他找到自己的顶头上司，而上司对此却无能为力，于是他便给公司总裁斯通写信说道："我们总是遇到令人头痛的报酬问题，这已经使一大批优秀人才感到失望至极了。"斯通立即责成最高管理部门妥善处理此事，三天之后，他们便补发了伯涅特的工资，事情似乎可以至此结束了，但他们利用这件为职工补发工资的事情大做文章。一方面是向伯涅特致歉；另一方面，是在这件事情的推动下，了解那些"优秀人才"待遇较低的问题，调整了工资策略，提高了机械工程师的加班费；最后，向《华尔街日报》披露这件事的全过程，在全国企业引起了不小的轰动。想想通用公司的工程师可真是幸福。通用总裁改正了一个错误，但他得到的远远不是看起来这些。

通用公司的这种"小题大做"，实则是以主动承认错误的方式，弥补错误，以使优秀人才得以留下来。这样通过"自省"而不断提升自我管理水平的公司，是大有未来的。同样地，一个人如果时刻能保持谦虚谨慎的态度，以不断"自省"的方式提升自我能力，也是所向无敌的。

2. 最重要的七个字是：你干了一件好事。

在社交中要与人建立信赖感，除了懂得反省自身，还要注意回应他人的反应，懂得关注，然后去主动鼓励他人，这是赢得他人信赖感的另一个秘籍。

日本的松下幸之助在创业阶段一直与员工同甘共苦，日后创立了三洋公司的景值熏便时常回忆起当时他在松下时不断受到松下幸之助的鼓励，即使在他把电池厂赔光了之后也还是如此。松下认为他能安全回来就已经是值得鼓励的了。

3. 最重要的六个字是：你的看法如何。

这六个字强调的是：在沟通中，一定要重视他人的感受，要让他人主动说出自己的想法、建议，这样才能集思广益，才能将工作完成得更好。

4. 最重要的五个字是：咱们一起干。

"咱们一起干"是在向对方强调：我和你是一个团体，共同分担责任，共同获利，两人是"一荣俱荣，一损俱损"紧密合作的队友。这样能够提升对方工作的积极性，提升两人的默契度，从而能将工作完成得更好。

建立信赖感的沟通法则（二）

雷鲍夫法则的后四条也是极为关键的，下面逐一分析：

5. 最重要的四个字是：不妨试试。

这四个字是对合作者的一种激励。要知道，与伙伴合作，归根结底是为了让双方在各方面的互补性得到发挥。"试试"就是鼓励合作者不断地进行创新。"不妨"就是告诉对方，别太在意结果，有创意就一定要付诸实施，一定会有收获。

有近60年历史的惠普公司是著名的计算机、通信及测量用品生产厂商，惠普公司实行"开放实验室备用品库"就清楚地表明了公司对员工的这种态度。实验室备用品库就是存放电气和机械零件的地方。开放政策就是工程师们不但在工作中可以随意取用这些零件，而且可以拿回自己家里使用。

惠普公司的想法是，不管工程师们拿这些设备是不是跟他们手头从事的工作项目有关，反正他们无论是在工作岗位上，还是在家里摆弄这些玩意儿，总能学到一点东西，公司因而加强了对革新的赞助。据说这一政策起源于惠普的另一个创始人比尔·休莱特先生。有一回，他到一家分厂去视察，看到实验室备用品库门上了锁，他马上到修理组拿来一柄螺栓切割剪，把备用品库门上的锁剪断，并扔掉。星期一早上，人们见到他留下的纸条："请勿再锁此门。谢谢。比尔。"于是这一政策就一直延续至今。

惠普公司是世界上最成功的公司之一，它的这一政策想必可以给其他企业的管理者较大的收获。遇事抱有不妨试试的心态，既可以有收获又可以减少失望，实在是合作中最佳的心态。

6. 最重要的三个字是：谢谢您。

"谢谢您"看似极平常,表达的却是对合作者的一种感恩的心态。这种心态有助于加深两人的情感和信赖感。

7. 最重要的两个字是:咱们。

"咱们"强调的是你与合作者的紧密关系。当"咱们"一出口,便等于把自己拉入了对方的阵营中,让对方在倍感亲切的同时,觉得你就是"自己人"。

杰森到一家食品公司应聘销售员工的职位,面试官先介绍说:"我们公司主要售卖绿色食品的再加工保健品,为了提升产品的销量,所以要招一位能干的,并有能力开拓新市场的销售员。"

杰森接下来便问道:"那咱们公司的销售部目前有几个人员呢?很想了解一下咱们公司的整体情况。"

面试官听杰森这么一说,感觉自己使用的"我们"似乎很不妥,于是马上便转口道:"咱们公司的销售部目前只有一个销售人员,现在为了把这一块做好,所以就想多找几个人,看了你的简历,觉得你在销售这方面有不错的履历,所以,希望你能加入,咱们一起把这个公司做好。"

杰森问道:"我觉得我的能力完全能胜任咱们公司的这个职位,也非常希望能尽快地成为销售部的一员。"

面试官笑着说:"说实话,几天来,我接待了几十位应试者,和您是谈得最愉快的。如果没有其他议异的话,欢迎你下周一来咱们公司上班。"

于是,杰森便成功地获得了这个职位。

不可否认,杰森一口一个"咱们",给面试官造成了他是公司中的一员、与公司是一体的感觉,和他说话仿佛是与公司的老同事说话一样,这给人留下了极好的印象。

从心理学上分析,在与陌生人或不熟识的人谈合作或谈项目,多用"咱们"可以缩短人与人之间的心理距离，会给人一种"自己人"的感觉，让人感觉你和他或者他们是一个集体的，是同呼吸共命运的。同时，"咱们"也能表明你对对方有感情，愿意接受他们，主动与他们融为一体。这是建立信赖感的一个重要的沟通技巧。

8. 最重要的一个字是：您。

"您"表达的是对对方的一种由衷的尊重，这种尊重可以激发对方对你的尊重和礼让之情，能使两人的关系达到和谐的状态。

古德定律：直达人心的沟通最高效

法则精义：古德定律是由美国心理学家 P. F. 古德提出的，即指人际关系交往的成功与否，靠的是准确地把握别人的观点。也就是说，成功的沟通，靠的是知道对方内心在想什么。

应用要诀：古德定律告诫我们：沟通的实质就在于引起双方在情感和思想上的共鸣，不明确对方心意的沟通就好比插错了地方的USB 接口，信息数据的共享，自然就无从谈起了。所以，无论在生活还是在管理中，都要能洞悉对方的心理，将话说到对方的心坎上。

洞悉话语中隐藏的个性特点

古德定律道出了高效沟通的要点，即一定要"知彼"，懂得别人内心的想法、需求等，方能达到自己设定的目标。而如何去洞悉对方的真实想法呢，方法是多种多样的，最常见的就是从对方的话语中去提取信息。

要知道，一个人所讲的话，都是在表述自己对各种事物、情况、问题的看法，而在讲这些话时所表现出来的话语特点，恰恰能够暴露一个人的性格特征。而高明的交际人员则会在与对方的沟通中收集有价值的"情报"：即懂得察言观色，仔细地甄别对方所讲的每句话的含义，从而推测出其当时的心境与基本的个性特征，再根据其具体情况采取必要的措施。

心理学中认为，每个人说话都有自己的特点，我们通过巧妙地分析对方谈话的口气、速度、声调，便能够探索出对方的内心正在想什么，了解这些也是你能与对方顺畅沟通的关键。

在三国时候，袁绍竖起反董卓的大旗后，著名的谋士郭嘉听说袁绍出身贵族，就去投靠他。

袁绍知道郭嘉是个有智慧之人，便对他十分敬重，待他如上宾。但是不久以后，郭嘉就从袁绍的谈吐中看出他不是个可靠之人。于是，他就对谋士郭图说："袁绍表面上效仿周文王礼贤下士，但是他说话没有重点，而且经常把家事挂在嘴边；喜欢让大家献计，自己却不肯动脑。这样的人哪能成大事呀！"不久，郭嘉就离开了袁绍，投奔了曹操。

曹操亲自考察郭嘉。就问他："你说我能打败嘉绍吗？"郭嘉说："袁绍有十败，您有十胜。"紧接着就向曹操分析了袁绍的十大弱点、曹操的十大优势，头头是道，还有理有据，说得曹操心服口服，最后建议曹操要先攻打吕布，然后再逐步地扩大自己的地盘，壮大自己。曹操马上说道："就依先生所言。有了你在身边，我何愁不成大事呢！你就是我苦苦要寻找的谋士！"郭嘉也说："您也正是我要找的明主呀！"

在此我们可以分析一下，袁绍平时说话没有重点，喜欢谈论家事，没有决断能力，证明他胸无大志，成不了什么大事。而曹操则言简意赅，对郭嘉的建议马上采纳，证明他做事果断，不拖泥带水，而且让郭嘉死心塌地，因此可成大事。而言谈中郭嘉听出了曹操为人爽快，因此，自己也没什么顾忌，该说什么就说什么。所以说，从心理学角度出发，一个人说话的速度、口气以及声调，就是我们探知对方深层心理意识的关键。有的人说话粗俗下流，有的人说话谦恭有礼、有条不紊，当然也有人一派胡言，或说话时内容空洞、不知所云。这时候，就能够反映出对方相对应的性格特点和内涵。

正式场合，很多人在发言时，总是会先清一下喉咙，这说明他内心有些紧张，对此情景，我们可以说几句客套话，缓解对方的紧张，从而开始良性的沟通。

当一个人与你沟通时，下意识地吹口哨，则说明其内心处于一种潇洒或处之泰然的状态。这也说明对方对你们的交谈或谈话成竹在胸，表达了十足的自信心。

与你交谈时，说话支支吾吾，则是心虚的表现。要知道，对方可能有什么事情在隐瞒，不愿意将信息透露给你。这时，我们要提高警惕，善于从细节上发现各种蛛丝马迹，找到问题的症结所在。

说话阴阳怪气，并且声音较刺耳的人，往往都是心胸狭窄者。这个时候，我们说话要注意，要以夸奖为主，同时要努力找到与之共处的对策，避免使自己陷入尴尬或被动的境地。

个性开朗、内心清顺畅达的人，其言语一般较清亮平和，而且脸上时带笑容，这样的人内心较为平和，极容易相处，而且他们待人真诚，个性宽厚。

那些说话气势逼人，连同声调也非同一般的人，往往是具有实力者，或者内心狂妄自大者。

总之，话语、语气、表情等都能透露出一个人的大致性格特点来，我们要善于观察，然后再通过心理分析，去摸准对方的个性特点，再进一步采取有效的交际方法，从而达到社交目的。

从细节着手，留心别人的"小需求"

沟通中，古德定律应用的难点在于如何去洞悉沟通者的内心想法。其实，要做到这一点，一方面是通过沟通，从对方的话语中提取信息；另一方面也可以通过记住对方的"小需求"，并从细微之处给予对方帮助。

玉琼是个细心的女孩，无论是与熟识的朋友交往还是与一些陌生人相处，她都会十分留心别人的"小需求"，并适时给予关心或者提供帮助。

一次，她和仅有一面之缘的刘蕾见面，上去便说："你好，蕾蕾。"

这让刘蕾受宠若惊："上次不过匆匆一面，你便记住了我的名字。""当然记得了，你可是上次酒会我认识的最漂亮的女孩子啊！"这一番话下来，刘蕾便自然与她互换了名片，成为了关系不错的朋友。

还有一次，玉琼与同学晓丽一起吃饭，她便提醒道："晓丽，咱这次可不能吃海鲜，那东西性寒，吃多了对肠胃不好。"晓丽听罢，感动得几乎要落泪："我上次可只是顺嘴说了一句我肠胃不好，你竟然记住了。"

玉琼与同事海眉见面，她便说："海眉啊，你上次戴的项链真的很漂亮，跟衣服简直配极了。"海眉简直不敢相信："这些小事你都记得啊。"

可以想象，有了这些细致入微的关怀和提醒，相信不管是刘蕾还是晓丽、海眉，下次见了玉琼，无不会对她喜欢到无以复加的地步。因为，玉琼的做法，让她们觉得，自己人是个极为重要且特别的人物。

所以，要想赢得友谊，拉近与他人的关系，就要懂得在第一次与对方见面时，注意观察和留心对方的"小需求"，记住一切与他相关的重要信息，只要你下了功夫，这些信息自然就会在脑中扎根，以备下次见面时，成为联络感情的敲门砖。

对此，人际关系大师卡耐基也认为，当我们试图改善和巩固与某个人的关系时，不要指望帮他一个大忙，其实只要在日常的小事中，随时懂得施予对方关心，便能收到不错的效果。尤其是对那些初入职场的年轻人来说，很多人都苦于自己帮不上别人的忙，所以难以融入同事圈中。其实，如果你帮不上大忙，你完全可以从细节入手，适当地帮个"小忙"，这一样能够为你赢得良好的人际关系。

林辉大学毕业后，到一家民营企业做办公室文员。他工作很努力，是同批进入公司的大学生中表现比较出众的一位。但是林辉觉得，自己难以融入老同事的圈中。她们总有她们的话题，比如育儿的心得、与老公的矛盾、婆媳关系等，而这些却与林辉的生活甚远，所以难以搭上话。

如何才能与这些同事打成一片呢？林辉发现，这其实也不是件难事。于是，他便随手给别人提供一些"小帮助"。比如，一次，林辉听到办公室的李姐说，要给自己的孩子买些学习用品。于是林辉听罢，便从自己的抽屉里找出一大堆名片，挨个儿找，终于找到了自己平时添置办公用品的电话。第二天，他便对李姐说，昨天听你说要给孩子置办学习用品，如果你急用的话，可以找老张，他送货上门；如果希望价钱最低，你就去××街找小陈；总之不要去超市，那里价钱最贵。听了如此周到的介绍，李姐真是受宠若惊，乐得直夸林辉："小伙子，你可真是个细心人啊，我昨天只是随口说了一句，你便记住了。"

这便是留心细节的好处，它带给人的不仅是惊喜，还有感动。相信，只要林辉这样坚持随时留心帮助别人，他一定会很快地被老同事们所接纳。所以，要想接近某人或者想与某人成为好友，就多注意留心别人的"小需求"吧。一个能让全世界都需要的人，人际关系一定不会差。

让你的语言直达对方内心深处

一个组织的有效运转，离不开良好的沟通。任何一位杰出的管理者，都不会轻视沟通的作用。但沟通也有一个很现实的难处：面对别人我们很难知道，该以什么样的方式、以什么作为切入点去进行沟通。但在心理学家看来，一次成功的沟通未必需要两个人都敞开心扉，关键在于沟通的发起者是否具有洞彻人心的睿智眼光。

考虑到沟通对于企业发展的必要性，我们必须提醒管理者们：要想抓住机会，就先要抓住对方的心。不论是疾声厉色的恐吓，还是虚伪矫饰的奉承，都比不上直达人内心深处的朴实言辞。

卡耐基是美国著名的企业家，但小时候的他也非常顽劣，以至于大家都说他是一个坏男孩。他的父亲多次教育他、责备他，都没有能够使他改变。

在卡耐基9岁的时候，他的父亲迎娶了继母。在介绍卡耐基的时候，父亲当着他的面对继母说，这是一个全城镇里最坏的男孩，希望她能够多加小心。

但卡耐基的继母是一位受过良好教育、十分善解人意的优雅女子，尽管与卡耐基是初次见面，她却看透了卡耐基的灵魂。于是她微笑着回答说："你错了，他不是全镇最坏的男孩，而是最聪明的男孩。"

　　这一番话无疑是卡耐基人生的重大转折，从此之后，他开始不断改变。在他 14 岁那年，继母又给他买了一台二手打字机，告诉他，相信自己，有朝一日他必定成为一名作家。通过这种善解人意而又充满鼓励的沟通方式，卡耐基也感受到了继母内心的热忱，更将这一份热忱投入自己的生命中，最终成为了一名足以令父母骄傲的、影响世界的人物。

　　商场如战场，在企业与企业之间的互动中，沟通更是攸关企业的利益得失，甚至存亡。不论是企业之间的互惠合作也好，还是零和博弈也罢，只有明确把握对方的心思，知晓对方的依仗与顾忌所在，才能占据主动、克敌制胜。

　　在美国的乡下有一位老人，他有三个儿子。其中，大儿子、二儿子都在城里工作，只有小儿子和他住在一起，二人相依为命。

　　有一天，一个人突然找到这位老人，对他说："尊敬的老人家，我想把你的小儿子带到城里去工作，可以吗？"

　　老人气愤地说："不行，绝对不行，你滚出去吧！"

　　这个人说："如果我在城里给你的儿子找个对象，可以吗？"

　　老人摇摇头："不行，你走吧！"

　　这个人又说："如果我给你儿子找的对象，也就是你未来的儿媳妇，是洛克菲勒的女儿呢？"

　　这下子，老人立即动心了。

　　过了几天，这个人找到美国首富石油大王洛克菲勒，对他说："尊敬的洛克菲勒先生，我想给你的女儿找个对象，可以吗？"

　　洛克菲勒说："快滚出去吧！"

　　这个人又说："如果我给您女儿找的对象，也就是你未来的女婿，是世界银行的副总裁呢？"

于是洛克菲勒答应了。

又过了几天，这个人找到世界银行总裁，对他说："尊敬的总裁先生，您应该马上任命一位副总裁！"

总裁先生说："现在我这里已经有了多位副总裁，我为什么还要任命一个副总裁呢，而且必须马上？"

这个人说："因为您马上要任命的这位，是洛克菲勒的女婿。"

听了这句话，总裁先生赶紧忙不迭地答应了。

都说优秀的管理者善于掌控人心，事实上，人心复杂难测，管理者既不可能，更不需要彻底掌控。想要成功地抓住别人的心，只需要准确了解对方在某一情境中最主要的思考方向即可。这样不仅可以避免自己费神揣测，更能够顺着对方的想法，厘清一切来龙去脉。通常情况下，高明的企业经营者只需要寥寥数语，就可以或瓦解对手的凌厉攻势，或为下属员工解开心结，原因正在于此。

有一种观点认为，管理中最重要的工作就是对人的工作。以此而论，沟通的重要性也自然足以成为摆放在管理者办公桌上的红头文件。实际上，良好的沟通能力也是对管理者素养的一种考验和基本要求。尽管任何一个成形的组织都会有相对完善的沟通机制，但能否让这些机制真正发挥作用，很多时候还是取决于管理者个人的沟通能力。俗话说，得人心者得天下，对于管理者来说，想要得到人心，首先就必须明了人心。

第八章

原则：有"界限感"的人，
活得都不会太差

理智不能用大小或高低来衡量，而应该用原则来衡量。

——爱比克泰德（古罗马哲学家）

一个人应该：活泼而守纪律，天真而不幼稚，勇敢而不鲁莽，倔强而有原则，热情而不冲动，乐观而不盲目。

——马克思（德国思想家）

弗洛斯特法则：为人做事都要有"界限感"

法则精义： 弗洛斯特法则是由美国思想家 W. P. 弗洛斯特提出，即指要筑一堵墙，一定要首先明晰筑墙的范围，将那些真正属于自己的东西圈进来，而同时要将那些不属于自己的东西划出去。它告诫我们，刚开始就明确了界限，最终就不会做出超越界限的事情来。

应用要诀： 弗洛斯特法则告诫我们，做任何事情，都要有一个清晰的界限感，即明白哪些事不能做，哪些事不能碰；自己能接受什么，该拒绝什么；自己适合做什么，不适合做什么……这样方能规避风险，获得安稳。做企业亦应如此。身为管理者一定要清楚我们适合做什么，不适合做什么，如若盲目跟风，轻则会竹篮打水一场空，重则会全军覆没。

有所取舍，是人生的一种经营策略

弗洛斯特法则在个人发展领域的重要应用在于，在规划个人职业生涯时一定要遵循"原则"，拥有"界限"感。也就是说，你要智慧地有所取舍，才能使你的人生大放异彩。比如你在规划个人发展时，一定要明晰自己的专长在哪里，哪些领域或专业可以涉足，哪些领域或专业是你的短板，是一定要避开或舍弃的，这样才能让自己少走弯路；如若你是一个投资者，一定要清楚自己该在哪些领域发展和投资，应该避开或舍弃哪些领域，这样才能使你避免误入"歧途"，才能使自己的事业走得更为稳妥。也就是说，要想有更好的发展，一定要清楚自己的主体优势在哪里，并且静下心去将其发挥到极致，避免去踏入自己不擅长的领域，才能获得良性的发展。

另外，在生意场上，那些最终的赢家，都是深谙弗洛斯特法则者。他们深知，哪些利润是自己该拿的，而哪些利益是自己必须让出去的，正是遵循着这种清晰的"界限感"，他们的生意才蒸蒸日上。

取与舍，本是一种智慧。舍得之道是人生之道，也是成功之道！每个人都渴望事业成功、生活富足，然而，如果只将目光紧紧盯在要得到什么以及如何最大限度地"获得"上，没有清晰的"界限感"，不懂得智慧地"舍弃"，是极难如愿的。所以，在个人事业的发展阶段，一定要有极为清晰和明确的"界限感"，懂得哪些是自己该得的，哪些是一定要舍弃的，这样才能获得更多！

为人处世要守住自己的底线

弗洛斯特法则在为人处世方面的重要应用在于，无论从事怎样的职业，处于哪个岗位，一定要明白自己哪些事是一定不能做的，哪些事是自己要避免触及的。也就是说，要时刻守住自己的底线。比如，为人守信、诚实、不做有违职业操守的事等。这样有原则的人，更容易赢得他人的信赖和支持，也更容易获得他人的尊重和帮助，其成功之路便会走得更为顺畅。相反，一个人如若没有原则，做出有违道德甚至践踏法律的事，其个人前程便会被"堵"死！

马良是深圳一家电子公司的技术部经理，在线路板技术领域有很高的威望和成就，而且做事果断，为人诚实，深受领导的器重。

有一天，马良的一个同行业的朋友打电话，约他到酒吧喝酒。

马良也想放松一下，就到了相约的酒吧！

对方先上了几杯上好的鸡尾酒，几杯酒下肚，朋友对马良说："兄弟，我有一个忙想请你帮！咱们可是老乡，一同从家里出来打拼的，你一定得帮我哟！"

马良问道："什么忙，我能帮上的一定会帮你，凭咱们的交情，还用这么客气吗？"

朋友说："我们公司最近和你们公司在洽谈一个合作项目，如果你能把你们公司相关的技术资料给我提供一份，我一定会在谈判中占据主动地位！"

"什么，你这不是让我泄露公司机密吗？这可是犯法的事情呀！"马良皱了皱眉头。

朋友压低声音说："这事你知我知，根本不会有第三个人知道。再说了，这事办成功了，我们也不会亏待你，至少会给你 20 万元左右的报酬，这可够你在这里打几年工了！你可要想好呀！"

听了这样的话，马良有些动心。心想，自己辛苦出来打拼不就是为了钱吗？于是，就暗暗地默许了朋友开出的条件。

几天后，马良就按朋友所说，把公司的技术资料复印好，送给了朋友。朋友也如约，把 20 万支票给了马良。

接下来的事情可想而知，公司在与对方公司谈判的过程中，就是因为技术资料泄密，一直处于被动的地位，最终损失额高达几百万元。这让公司老总大为恼火，于是派人专门彻查此事，最终，事情大白以后，马良被辞退，那 20 万元也自然被退回！

马良的经历给我们这样的启示：面对任何诱惑都要坚守住底线，守住做人的基本原则，否则，一定会搬起石头砸到自己的脚，会自食恶果。

原则是做人的标尺，守住底线是做人最为起码的要求。很多人彻底失败，就是因为守不住做人的底线，最终使自己身败名裂。

曾国藩一生阅人无数，但是在任何时候，他都能够坚守住自己的职业操守，或者说是为官的准则："尊上不媚上、使下不欺下"。这句话值得揣摩，发人深省。一个人在一个职位之上，都有上下级两层关系，处理上下级关系的态度，最能够体现出一个人的品行。如果一个人媚上欺下，说明他私心太重，品行不端正，这样的人很难得到别人的信赖和支持，是无法成就大事业的。

对企业主的忠告：做自己擅长领域中的强者

弗洛斯特法则对企业管理者或领导者的启示便是，无论在怎样的市场环境中，企业都必须寻找到最适合自己的市场，也就是要有明确的市场定位，知道自己该坚持在哪些领域发展，做自己擅长的事，而不是什么都想做、什么领域都想涉及，一味地贪大求全，还美其名曰规模经济、赢家通吃，而最后苦的也只会是自己。

一家以副食品生产为主业的大集团企业，其下有 10000 多家子公司，但 90％的利润皆源于两个副食品方面的企业：厨房食用油和粮食加工。

该集团的领导十分懊恼地说，如果当年公司能够勇于舍弃，专门专心做副食品生产，到今天一定能够成为最盈利的副食品公司。但因为当初的集团领导人为了加快发展步伐，四处寻找机会，能做就做，什么赚钱做什么。如今该集团所涉足的产业十分广泛，比如房产、厨具、五金、金融、互联网等产业，这些产业内部因为缺乏精细化管理，已经连连亏损，成为该集团的"拖累"，该领导对此也悔恨不已。

一味地贪大、求全是很多企业主的通病，他们的经营理念是，什么赚钱就去做什么，什么都想做，什么领域都想涉及，然后拿三分的钱，去做十分的事。等公司规模壮大后，很容易出现各种各样的问题，比如核心产业竞争力下降、资金链断裂、管理混乱等，承受风险的能力反而降低。一个经营状况良好的企业，都是将自身核心领域发挥到极致的。世界零售业老大沃尔玛，自始至终只做零售，钱再多，都不去买地、不去涉足房地产，最终成为世界第一；麦当劳只做快餐，实力再强，也不涉足其他餐类，最终成为世界快餐界的龙头；美国通用汽车公司，一百多年来，也只是做汽车与配件，当年公司总资产达到了八亿美元，都不去做航空和轮船，最终成为世界第二强；世界首富比尔·盖茨，钱再多，都只做软件，其他行业再赚钱都不去做。

实际上，随着市场竞争的加剧，多数行业的成长空间与先发优势已经消失殆尽，许多企业因为涉足领域太广，无法集中精力去提升其产品的竞争力，甚至连原来的优势产业也被拖累，这是当下许多大公司的发展困境。为此，身为企业主或管理者，明晰企业自身的发展领域和业务，不去涉及不擅长或不相干的产业，只要心无旁骛地将自己的核心领域做精，便能成为同行业的佼佼者。所以，身为企业经营者，一定要运用弗洛斯特法则，在刚开始便明确企业自身的经营界限，在自己擅长的领域中壮大，不随意去涉足不相干的领域，尤其是完全陌生的领域，这是使企业获得良性发展的关键。

杰奎斯法则：不要试图一口气吃成胖子

法则精义： 杰奎斯法则是由伦敦 Tavistovk 人力资源学院创始人之一的埃里奥特·杰奎斯提出的，具体内容是：企业的管理水平应基于领导决策之前所花费的可测时间长度和根据时间长度所应获得的报酬。对此，杰奎斯曾经说："有些管理者从开始时就下定决心要解决存在的一切问题，这种观念本身就是一个错误。"这不仅是在说管理，更是在说人生。

应用要诀： 杰奎斯法则告诫我们，无论是做管理也好，为人做事也罢，都不要总想着一下子去解决所有的问题，即别试图一口气吃成胖子。有这种思维的人是极为愚蠢的，因为任何问题的出现和发展，都是需要经历一个过程或周期的，而解决问题也应该是一个冷静的、缓慢的过程，这是聪明者的思维方式。

杰奎斯法则实际上包含两层意思：不要试图解决所有的问题；当问题解决不了的时候，不妨将问题本身一并放弃。

遇到"死结"难题，放弃是最好的解决办法

杰奎斯法则告诫我们，生活中遇到问题，不要马上下手去解决，因为很多问题，解决来解决去，最终却发现是一个解不开的死结，不仅浪费了时间，还有可能错过寻找替代和补救措施的机会。其实，面对这样的问题，我们其实有很多明智的解决办法。比如，我们可以选择放弃将它解开的固执，寻求用其他的方法去解决。再比如，

我们也可以选择一个更为智慧和有效率的方法，那就是直接放弃。不仅放弃对解开的方法的追寻，连这个"死结"难题也放弃。

从前，有位鲁国人送给宋元君两个用绳子结成的疙瘩，非常难解开。宋元君便召集全国的能工巧匠和聪明人来解结，来了很多人却没能够解开。宋国有一个叫倪说的人，学识极为丰富，洞明世理，他的一个弟子便想去尝试一下，倪说便同意了。倪说的弟子看到两个绳结之后，观察琢磨了一会儿，就动手飞快地解开了其中一个。当众人发出欢呼声并且期待他解开第二个时，这个弟子却再也没有任何举动。宋元君询问缘由，倪说的弟子说："我不会去解这个结，因为它是一个解不开的死结。"

那个送绳结给宋元君的鲁国人听到这番话后，非常惊讶，他说："这是我亲手编制的死结，除了我，没人知道，可他能一眼看出来，说明他的智慧是远远超过我的。"

在现实生活中，不是所有问题的"结"都能够解开的，与其将时间浪费在"一定要解开"的这个执念上，不如接纳死结，或者干脆放弃它，另辟蹊径。这就是杰奎斯法则所阐述的精华思想。要知道，世上有许多"死结"问题，比如你永远叫不醒一个装睡的人，你永远感动不了一颗不爱你的心，对于这些"无解"的问题，与其浪费时间，白白地错过寻找替代和补救措施的机会，不如选择放弃，这才是最为明智的选择。

同时，要解决"死结"问题，就要学会转变认知。很多时候，烦恼来自我们的二元对立的思维，非此即彼、非黑即白……这都是一般人思考问题的方式。实际上，世界本来就是混沌的、有灰度的，就像"水至清则无鱼"一般，有时候它是需要混沌、模糊的，不存在一个完美的、绝对理想的管理环境，所以要学会接纳现实，学会与问题共处，将问题当作突破和创新的切入点。

不钻牛角尖，用时间去慢慢化解问题

章鱼是海洋中一种极为可怕的动物，身躯非常柔软，柔软到几乎可以将自己塞进任何一个想去的地方。章鱼没有脊椎，这使它可以随意穿过一个银币大小的洞。章鱼们最喜欢做的事情，就是将自己的身体塞进海螺壳里躲起来，等到鱼虾走近时，就咬住它们的头部，注入毒液，使其麻痹而死，然后是美餐一顿。对于海洋中的许多生物来说，章鱼是它们的天敌。

聪明的人类掌握了章鱼的天性，通过一种办法就能轻松地捕捉到章鱼。渔民们将小瓶子用绳子串在一起投入海底。章鱼一看见小瓶子，都争先恐后地往里钻，无论瓶子有多小、多窄。结果，这些在海洋里无往而不胜的章鱼，成了瓶子里的囚徒，变成了渔民的猎物，变成了人类餐桌上的美味。

是什么囚禁了章鱼？是瓶子吗？瓶子放在海里，瓶子不会走路，更不会去主动捕捉。囚禁章鱼的是它们自己。它们固定着思维模式，向着最狭窄的地方走，无论走进了一个多么黑暗的地方，即使是走进了一条死胡同。

在很多时候，人类的行为又何尝不像章鱼一般，遇到苦闷、烦恼和失意时，也一味地喜欢往"瓶子"里面挤，结果使自己的视野变得越来越窄，思想也越来越失去智慧和光泽。而杰奎斯法则则是对解决这一问题给出了建议，当问题来临时，不要急于做出决策，并试图马上解决，相反，要让头脑冷静一下，想一想问题出现的前因与后果，并且预测解决这个问题所需的时间与资源，以及应该从哪些方面下手，这样将十分有利于事态的发展。如果发现一时无法解决或者代价过高的话，那么就暂时搁置，另觅他径。有时候，没有结果的结果就是最好的结果，不采取措施的措施就是最好的措施。我们只有学会具体问题具体分析，才能少走弯路，所有的问题也才能够迎刃而解。

要知道，任何一项决策，其决策效果都需要经过一段时间后方能够体现出来。所以，我们无论是在生活中还是在管理中，要解决重大的现实问题，就要通过科学的决策方法与技术，并从若干个有价值的方案中选择最佳方案，且在实施中加以完善和修正，用时间来慢慢化解难题，最终实现目标。

韦奇定理：别让周围的"声音"动摇了你的意志

法则精义：韦奇定理是由美国洛杉矶加州大学经济学家伊渥·韦奇提出的，即指即使你有了主见，但你周围的朋友中，有十个与你的看法相反，你就很难不动摇个人的意志。这告诫我们，个人意志或意念很容易被周围的人影响或改变，很容易因周围人的意见而屈服。为此，我们要坚定自己的立场，将周围人的看法或建议当成一种参考，而不是作为改变自身意志的借口。

应用要诀：韦奇定理对我们的启示是：1. 一个人能坚持个人的主见是非常重要的事情。但是你的主观必须建立在对客观情况准确把握的基础上，同时，要确信你的主见不是固执的。

2. 对于周围人的意见或建议，未听之时不应该有成见，既听之后不可无主见。不怕开始众说纷纭，最怕最终莫衷一是。各说各的理，各念各的经，可最后谁也不会为结局负责。

未听之前不应有成见，既听之后不可无主见

很多人在做决定或办一件事情之前，都会向周围的人去寻求意见，这是为了掌握全面丰富的信息，更好地理解和分析问题，以便于纠正偏差，做出最切合实际的决定。这样的人能集思广益，不抱有成见地去听取建议，是明智的。但是当他们听取建议后，便又很容易陷入另一个误区：即当大多数人的意见和我们不一致时，我们自然会奉行少数服从多数的原则，选择听从大众的意见，放弃自己最初的主张。问题在于大众认可的事情未必是正确的，大众选择的道路未必适合我们，我们为了少犯错而广泛征求意见，却极有可能被多数人的言论误导。

韦奇定律告诉我们：我们是非常容易被别人的意见所左右的，尤其易于屈从于多数人的意见。真正智慧的决策者，会不带成见或十分客观地听取他人的建议，并且只将他们的看法当成一种参考，而不会影响到个人的决策，是十分有主见的人。

每个人站在十字路口，不知道向左走还是向右走时，通常比较茫然，就算选定了方向，也还是担心会走错路，所以才会把周围的人当成智囊团，但通常情况下，别人并不能为我们选择正确的道路，因为别人的感受并不能代替我们的感受。由此看来，没有主见乃是人生的大忌。

其实有主见的人，也有可能受韦奇定律影响。因为站在多数人的对立面是需要勇气的，不是所有人都能像但丁那样，掷地有声地说一句"走自己的路，让别人说去吧"。然后毫无负担地坚持自我，不会因他人而轻易"动摇"自己的意志，实现自我人生的价值。

女科学家罗莎琳·苏斯曼·雅洛从小就有着与众不同的一面，刚刚 3 岁时她就有了自己的主意，坚决要朝着自己认定的道路前进。有一次母亲带她外出，回来时她怎么也不肯顺着原路走，无论母亲怎么规劝，她坚持要走一条新路，母女俩在大街上僵持了很久，引来了很多人围观。面对这种情形，母亲真是哭笑不得，最后只好妥协了。

少女时代，她读完居里夫人的传记后，便立志成为一名科学家。她认定成为居里夫人那样献身于科研的工作者就是自己毕生的追求，当周围的人知道她的想法时，几乎都觉得她是在做白日梦，没有一个人支持她。高中毕业后，母亲想要把她培养成一名小学老师，然而她依然做着自己的科学美梦。读完大学，父亲建议她到中学教书。家人都认为对于女孩子来说，能有一份谋生的工作就不错了，奉劝她不要再痴心妄想了。但罗莎琳说："居里夫人也是女人，她能做到男人都做不到的事，我相信我也一定能做到，我想成为她那样的人，为科学奉献一生。"她同时向父母保证绝不会为了事业耽误家庭，将来一定会成为一个贤妻良母。

罗莎琳在通往科学殿堂的道路上艰难求索着，但是在当时的时代，女人社会地位不高，在科学界很难受到重视，她很难拿到研究院的津贴，但是她要当科学家的决心并未因此而动摇过。后来，她被伊利诺斯大学破格录用，成为一名助教。若干年后，她凭借着在医学上的特殊贡献先后获得了 12 个医学研究奖奖项。1977 年，她荣膺诺贝尔生理学及医学奖，终于成了像居里夫人一样受人尊敬的女科学家。

罗莎琳的故事告诉我们，我们应当矢志不渝地坚持自己所选择的道路，无论有多少反对的声音，也无论有多少人质疑，只要我们做出了决定，就不能轻易放弃，不能轻易让别人的言论动摇了自己的意志。正如巴普洛夫所说的那样："倘若我坚持什么，即使用大炮也打不倒我！"若是有了这样的信念和勇气，那么做任何事情都会成功的。

不怕开始众说纷纭，只怕最后莫衷一是

有这样一个经典故事：

父亲和儿子商量好，要把家里的驴赶到市场上去卖。

在路途中，他们没走多远，就听到有一群妇女在路边谈笑，只听到一位姑娘说道："嘿，快来看啊，你们见过那样的傻子吗？有驴不骑，宁愿自己在地上走路。"听到这话之后，农夫就立刻让儿子骑上驴，自己高高兴兴地在后面跟着走。

一会儿，他们又遇到一群老人在谈笑，突然听到一位老人说："你们快来看啊，现在的老人真是太过可怜了，看那些懒惰的孩子自己骑着驴，却让老父亲在地上走路，真是太不孝顺了。"听到这话之后，父亲就连忙让儿子下来，自己骑上去。

又走了一会儿，他们又遇到一群孩子在七嘴八舌地叫喊："嘿，你们看啊，这个狠心的家伙怎么可以自己得意地骑在驴身上，而让这个幼小的孩子在地上走路呢？"农夫就立刻叫儿子上来，与他一同骑在驴背上。

当他们快走到市场上的时候，一个城中人大叫道："大家快来瞧啊，这头驴简直太悲惨了，竟然一下子驮着两个人，它是你们自己的驴吗？"另一个插嘴道："哦，谁能想到他们会这么折磨驴呢，依我看，他们两个抬着驴走还差不多！"于是，农夫和儿子就急忙地跳

下来，他们用绳子捆住了驴子的腿，找了一根棍子就将驴抬了起来。

他们卖力地想把驴抬过闹市入口处的小桥边，又一次引来了桥头上一群人的哄笑。这个时候，驴子受了惊，奋力地挣脱了绳子的捆绑，撒腿就跑，却失足掉进河中。农夫最终既恼怒又羞愧地空手而归。

通过故事可以看出，农夫的行为无疑是可笑的，因为其总是活在别人的眼光中，一味地去听取他人的意见，最终落得十分可怜与可悲的下场。可见，认真且有耐心地听取他人的建议，并且有自己的主见，是极为重要的。

认真地听取他人意见十分有助于全面地掌握信息，更能深入地分析问题，以最小的偏差做最正确的决策；但如若过多地听取别人的观点，往往会导致自己思维混乱、莫衷一是，难以坚持自己的选择。这看起来是一个可笑的悖论，但确实是人们经常走进的怪圈。

在人生中，我们可能要面临诸多的选择，而一个智者，会仔细地聆听他人的建议，然后客观地分析其建议和意见的合理性，将其作为决策的依据。最终使自己的决策更为完善和完美。

未听之时不应有成见，既听之后不可无主见。不怕开始众说纷纭，只怕最后莫衷一是。所以，一旦选定了自己人生的目标，选定了想要的生活方式，坚持不懈，才能成正果。

德尼摩定律：选择你爱的，爱你所选择的

法则精义： 德尼摩定律是由英国管理学家德尼摩提出的，即指凡事都应有一个可以安置的所在，一切都应该在它该在的地方。也就是说，每个人、每样东西都有一个最合适它的位置。在这个位置上，它能够发挥出最大的价值或功效来。

应用要诀： 德尼摩定律在个人发展领域中的应用主要表现在：1. 一个东西如若放错了地方就是垃圾，放对了位置就是宝贝。一个人找到了合适的岗位，才能发挥出其最大的价值或能量来。当一个人在合适的位置上，才能激发出其热情与积极性，过得心安理得。"选择你所爱的，爱你所选择的"，道理也是在此。

2. 管理的本质就是调动各方面的资源，并最终获得最大的利润。这其中人力资源是最为关键的。一个高明的管理者，一定懂得将人才放在最合适的位置上，让其发挥出最大的潜力与作用来。

穿合脚的鞋子，才能健步如飞

德尼摩定律主要阐明：一个人只有在合适的位置上，才能焕发出能量，发挥出潜力，做出成就来。就像一个人只有穿合脚的鞋子，才能够健步如飞。那么，一个人在个人发展过程中，如何才能找到真正适合自己的位置呢？这是个复杂的问题，要考虑个人的爱好、兴趣等，但最为关键的考虑因素，是个人的主观意愿。研究表明，一个人要想在某个领域取得成就，首先他要觉得这是个值得做的工

作，这项工作符合自己的价值观，适合自己的个性与气质，工作中能让自己看到成功的希望。达到了这几个标准，人们在工作时就能很好地投入。如若不符合这个标准，人们就会倾向于懈怠。这样做事不仅成功概率极小，而且即使成功了，做事者也不会觉得有多大的成就感。德尼摩定律要解决的就是这个问题。

《大长今》电视剧曾风靡一时，其中有这样一个场景：长今师徒受崔尚宫等人的迫害，被赶到太平馆，负责明国使者的饮食。一向脾气粗暴的使者大人，患有极为严重的糖尿病，却偏偏喜欢吃该病忌讳的各种山珍海味。出于对进食者的健康考虑，韩尚宫没有按照上面的指示做丰盛的宴席，而是精心准备了一桌清淡的素食，结果惹得使者大人勃然大怒，要惩罚韩尚宫。在这关键的时候，长今挺身而出，立下生死状：坚持让使者大人吃 5 天的清淡素食，健康就会有改善，否则愿意接受任何处罚。5 天后，使者大人的身体状况明显好转。使者大人感慨道："真是一对固执的师徒！你们明知道自己可能因此送掉性命，为什么还要如此坚持呢？"长今回答得很简单："因为我的师傅韩尚宫告诉过我，做食物的人，在任何情况下，都不能呈上对人身体有害的食物。"明国使者大受感动，由衷地称赞和敬佩长今师徒，因此定下了让人忧心的皇子立位的大事，长今再次立下大功。

《大长今》从头到尾都贯穿着一个主人公的核心价值观——人应当为自己的使命而工作！一个人在面临困难、压力、诱惑、贪念时，只要产生"没人会知道"的想法，就很容易放弃自己的坚持，放弃原则。而长今和韩尚宫因为怀着强烈的信念感和价值观，才守住了作为一个自尊者该有的气节，从而一步步地跨越了难关，取得了不俗的成就。而崔尚宫和今英为了自己的利益，一心只想讨好明国大使，明知对食者身体不好，却还是献上山珍海味。这不但没有得到大使的青睐，而且丧失了最起码的职业道德，弄巧成拙，再次被长今师徒比了下去。

当一个人的职位与其价值观相吻合，再枯燥、痛苦的工作也会变得丰富多彩、趣味无穷，也能最大限度地激发他的工作激情与工作潜能。反之，一个人的价值观与职业不相符，那么，这个人只会每天被动接受，疲于应付。可以说，一个人所从事的工作是否与其价值观相符合，直接关系到其事业的成败。

所以，德尼摩定律对我们个人的启示是，一个人应在多种可供选择的奋斗目标以及价值观中挑选一种，然后为之而奋斗。这样才可能激发我们的热情与积极性，也才可以心安理得。"选择你所爱的，爱你所选择的"，道理也是在此。

将员工放在最合适的位置上，才能发挥出其作用来

德尼摩定律在现实管理中也有着极为广泛的应用，也给我们管理者以提示：一个员工只有将其放在最合适的位置上，才能够发挥出其最大的价值来。这就要求管理者，要依据员工的特点与喜好来合理地分配工作。比如你可以让成就欲较强的优秀职工单独或牵头完成具有一定风险和难度的工作，并在其完成时给予及时的肯定和赞扬；让依附欲较强的职工更多地参加到某个团体中共同工作；让权力欲较强的职工担任一个与之能力相适应的主管。同时要加强员工对企业目标的认同感，让员工感觉到自己所做的工作是值得的，这样才能激发职工的热情。

冯仑说："把合适的人放在合适的位置，人人都是人才。"马云

说："尺有所短，寸有所长，每个人都有自己的优点和缺点，把合适的人用在合适的岗位上，使人尽其才，这是衡量一个领导能力的标准，好的领导可以极大地调动干部的积极性，使其超水平地发挥，达到工作效率的最优化。"管理的本质就是将人的才干最大限度地激发出来，而做到这一点的前提就是要摸清下属的个性特点。

唐太宗李世民在用人方面，就十分注重分析人才的个性特点。李世民了解到中书令房玄龄在用人方面不求全责备，而且十分善于出谋划策。李世民在与房玄龄研究安邦定国之策时发现，房玄龄能够提出许多精辟的见解与具体的办法来，但他对自己的想法与建议却不善于整理，虽然有许多精辟的见解，却很难下决心颁布哪一条。

而杜如晦作为兵部尚书极为精明果敢，剖断如流，特别是在做决策、判断方面更是胜人一筹。他虽然不善于想事情，却善于对别人提出的意见做出周密的分析与判断，最重要的是他精于决断，什么事情经他一审视，很快就可以变成一项重要的决策或律令呈现到唐太宗面前。于是，唐太宗根据他们两人的所短与所长将他们结合在一起，最终形成"房谋杜断"的最佳黄金组合，从而使房、杜二人功名盖世，千古流芳。

管理者用人的目的，就是让人发挥出最大的才能，并充分体现出价值所在，然后才能够调动其积极性和创造性，让其出色地完成某项任务。

若论起文韬武略、运筹帷幄，刘邦和刘备两人都很一般。刘邦，领兵打仗不如韩信，运筹帷幄不如张良，治国安邦不如萧何，最终却能成为一代帝王。他靠的就是知人善任、人尽其才的用人能力。

总之，如何去招揽人才，招到人才后如何去让其发挥出最大的个人价值，是关乎企业效益好坏的根本，考验的也是管理者的管理水平。

尼伦伯格原则：总想自己得势，必然势不两立

法则精义：尼伦伯格原则是由美国杰出的谈判家尼伦伯格提出的，即指，一场成功的谈判，双方都是胜利者（双赢）。它告诫我们，在谈判中，不要总是单方地考虑自身的利益，而也应该顾及对方的利益，一个人如若总想自己得势，双方必然会势不两立。

应用要诀：尼伦伯格原则虽然讲的是谈判，实际人际交往也遵循这样的原则，即一个和谐且能长久的关系，一定是"互惠"的，一定要照顾到对方的感受，而不是一味地让他人来迁就自己。

尼伦伯格原则在商场和管理上的应用在于，一场成功的谈判，应该是双赢的，即要顾及对方的利益。

懂得角色互换的人是无敌的

尼伦伯格原则在人际交往中的运用在于，要想与人保持恒久良性的关系，最重要的一点就是要理解对方，懂得设身处地为对方着想。也就是说，一个人要想征服他人、赢得人心，首要的一点就是要懂得角色互换：要真正地深入内心去了解对方的所想、所思，真正地做到理解、同情、谅解。而一个人若总是想着自己，只顾及自身的感受，而忽略对方，那也只会招致对方的反感甚至厌恶。那些能力高超的交际大师，都是懂得角色互换的人。

吉尔·博尔特是德国一家洗涤产品的创始人和大老板，是世界最大的洗涤产品制造商之一，产品畅销全球。在现实生活中，吉尔

·博尔特其实是一个平和而普通的人，是一个的体贴的丈夫和慈爱的父亲。但令人出乎意料的是，就是这样一个世界集团公司总裁，每天必须干的一件事，就是亲自管理他的 twitter 账户，并且对当下的一切社交网络工具了如指掌。他说这个世界已经变了，有了互联网之后，产品的信誉建立在"word of mouth"之上，任何人都可以提出表扬，也可以提出批评，并迅速影响品牌形象。

他说，批评其实比表扬重要得多，他经常在 twitter 上看到负面的评论，这时候该怎么做？绝对不能删那些评论！把他们大大方方地摆在那儿，私下回复给那个人，和他交换意见，虚心接受，沟通解决方案，这是唯一将负面评价转换为正面的最有效方法。吉尔·博尔特说这个的时候，虽然是从商业的角度出发，但是了解品牌的人都知道，每一个品牌的形象都像一个人，而每个人都象征着自己的品牌形象。而不懂得这样做不是由智商决定的，而是情商，唯有了解他人，互换角色地去思考，才能一点点地征服别人，取得信任，赢得属于自己的成功。

可见，敢于正视别人的批评、不屑，同时，又能从别人的角度出发，设身处地地为对方着想，是高情商的重要表现之一。拥有这种素质的人，最能赢得他人的青睐和信赖，也最能处处赢得人心，能得到他人的帮助、提携和支持，可以说，一个人只要能做到这一点，全世界都会与他为友，那么，他便是无敌的。

谈判最好的结果：双赢

尼伦伯格原则在商场和管理方面的主要应用在于，无论是一场谈判也好，管理者对员工的管理也好，最好的局面就是两方能达到双赢。比如，近几年来，华为像中国企业界的一颗耀眼的明星冉冉升起，许多学者、企业家都热衷于探讨华为崛起的种种原因。其中，任正非本人的观点是，华为能够走到今天，主要得益于"分钱分得好"的理念，即老板只拿极少数的股份，把股份全部分给下面对企业有贡献的员工，这种"分钱"原则，是当今许多企业家无法做到的。

在企业家任正非看来，把钱分给有贡献的员工就能最大地激发员工的活力，就能激活企业。

由此可见，一个能胸中有大格局的人，是不会在乎一分一厘的利益的，而是会先将利益分出去，将蛋糕做大，然后自己和其他人分得更多的利益。所以，无论你是创业者还是经营者，一定要记住一个原则：当你去惠及别人，表面上你是失去了，但这种能量最终一定会回流到你的身上。在谈判中，亦是如此。如若你一味地不让利，只会使谈判双方陷入僵局之中，这对双方都是不利的。

其实，谈判并不是商业人士的专利，我们的人生中经常上演各种形式的谈判。不论是我们在逛街时与店员和老板的杀价活动，还是我们在恋爱中规划未来的生活蓝图，当然更多的还是业务上与合作伙伴敲定合作，有时候甚至要和孩子们因为早点上床睡觉的问题讨价还价。可以说，每天的生活中时时处处都需我们发挥自己谈判方面的天赋。但一个成功的谈判，一定是遵循"双赢"原则的。

有两个孩子得到了一个橙子，为了分得公平，两个孩子决定，由其中一个负责切橙子，另一个负责先选橙子。于是，橙子被公平地切成了两半，两个孩子高兴地取得了自己的一半橙子，心满意足地回到了家。

到家之后，第一个孩子想用自己的半个橙子榨果汁，于是他把橙子的皮剥掉后，就扔进了垃圾桶，用橙子肉榨成了果汁。另一个孩子则想用自己的半个橙子烤面包，于是他把橙子的果肉挖了出来，扔进了垃圾桶，把橙子皮磨碎后混在面粉里，烤成了蛋糕。

    在这样的谈判之下，谈判双方就等于掠夺了彼此的价值，而不是创造了价值。那么创造价值的谈判应该怎样做呢？两个孩子应该先坐下来，然后讲一讲自己得到橙子之后想要做些什么。接下来一个人拿走所有的橙子皮，一个人拿走所有的橙子肉。这样的结果就等于彼此之间都得到了最充分的利益，等于说谈判为双方创造了多出一倍的价值，这样的结果对双方都是极为有利的。所以，在生活中，我们要极力达成这样的结果，以博得更好的合作机会与口碑。

第九章

竞争：优秀的人换思维，
失败的人找借口

竞争的本能是一种野性的激励，一个人的优点通过它从另一个人的缺点上显示出来。

——桑塔亚那（美国哲学家）

竞争一直是，甚至从人类起源起就是大部分激烈活动的刺激物。

——罗素（英国哲学家）

竞争优势效应：人人都希望自己比别人强

法则精义：竞争优势效应即指在双方有共同的利益的时候，人们也往往会优先选择竞争，而不是选择对双方都有利的"合作"。

应用要诀：竞争优势效应告诫我们，人人都有争强好胜的心理，每个人与生俱来都有一种竞争天性，每个人都希望自己比别人强，每个人都希望通过努力，超过自己的对手。人类也正是在这种内在竞争意识的驱动下，才促进了社会的不断发展和进步。所以，竞争优势效应在个人领域中的应用在于，我们要加强内在的竞争驱动力，促使自己获得更好的发展。

当然，竞争优势效应也是有负面作用的，因为人为了争强好胜，不会选择与他人合作来实现双赢，从而会做出损人利己的行为。为此，在现实中，我们要规避这种负面作用的影响，而应该在适当的时候选择双赢合作。

竞争意识——自我成长的内在驱动力

哈佛大学曾流行一句话："幸福或许不排名次，但成功必排名次。"可见，人人都爱争强好胜。所以，我们可以利用这个心理，来驱动自己不断地在竞争中完成自我成长与自我蜕变。

上帝曾向一个人许诺说："我可以帮你实现三个愿望，但是有一个条件：你在得到你想要的东西的时候，你的邻居将得到你所得到的两倍之多。"

这个人答应了，他向上帝说出了自己的愿望：第一个愿望是得到一大笔财产，第二个愿望是得到一大笔财产，而第三个愿望却是"请你把我打个半死吧！"其实这句话的心理动机是，如果你把我打个半死，那么邻居岂不是要被"完全"打死了？如果是这样，那么他从我身上赚到的"便宜"岂不是要付出生命的代价呢？虽然为此要被打个半死，但为了不让他人得到好处，也是非常值得的！

这虽然只是一则笑话，却道出了人性的一面：人人都渴望做"人上人"，都想被人仰视、让人羡慕。人们为了满足这个虚荣心，人们总是拼命地与他人竞争，奋力向前，生怕落后于人。

美国心理学家威廉·詹姆斯曾经做过这样一个实验：

他让参与实验的学生两两结合，但是不能商量，各自在纸上写下自己想得到的钱数。如果两个人的钱数之和刚好等于100或者小于100，那么，两个人就可以得到钱数；如果两个人的钱数之和大于100，比如说是120，那么，他们俩就要分别付给心理学家60元。

结果如何呢？几乎没有哪一组的学生写下的钱数之和小于100，当然他们就都得付钱。

这个实验表明：争强好胜是每个人的天性，每个人与生俱来都有竞争意识。竞争意识的强弱，决定你的内在推动力的大小。

不可否认，强烈的竞争意识具有强大的动力，它能够极大地调动每个人的积极性、创造性，使人的潜能得到全面、充分的发挥，从而使整个社会的竞争能力得到全面地提升。所以，我们个人要想较快地发展，取得成功，必须培养自己强烈的竞争意识。

当然了，只有正当的竞争才能推动一个人和组织向良性的方向发展。所以，我们在培养自我竞争意识的过程中，也要明白，竞争不应该是狭隘的、自私的，竞争者应该具有十分广阔的胸怀。竞争不应该是阴险和狡诈、暗中算计人的，而应是齐头并进、以实力超越；竞争不排除协作，没有良好的协作精神和集体信念，单枪匹马的强者是孤独的，也不容易取得真正的成功。要树立正确的竞争意识，首要的一点，就是要懂得培养你的竞争对手，同时也要学会向其学习，吸取他们的长处，学会欣赏和理解他们，并对其心存感恩。

实现双赢，才是真正的赢

竞争优势效应在现实生活中对个人的发展所起的积极作用是巨大的，所以，不管个人还是组织，不管是人际交往还是经营企业，都要尽量发挥它的积极作用而避免它的消极影响，这样我们的道路才能走得更宽阔、更长远。

但是，竞争优势效应也是有负面影响的，要想彻底消除其负面影响，就要积极地推行双赢理论。可以说，合作，是我们这个时代的主旋律，它为我们每一个人都营造了一个良好的发展空间。

任何一个人，要想实现自身价值，就必须与周围的人友好相处，精诚合作，实现优势互补，在竞争中共同发展。这就是当今时代所推崇的"双赢"，某种意义上来说，只有"双赢"，才是真正的赢。

其实，在中国古代就有非常具有代表性的双赢战争。最典型的也是被误读最多的，是三国时期那一出漂亮的空城计。

曹魏将领司马懿夺取了要塞街亭，诸葛亮因马谡大意失街亭正自责用人不当。此时司马懿大军逼近西城，不巧诸葛亮已将兵马调遣在外，一时难以回来，城中只有一些老弱兵丁。

危机之中，诸葛亮自坐城头饮酒抚琴，一副悠闲自在的样子。司马懿兵临城下，但未进城，自退二十里路观察。

　　表面上看司马懿是被诸葛亮的疑兵所吓。但其实，论司马懿的韬略和当时的兵力情况，绝不至被吓跑，其中还另有玄机。

　　玄机就在于，对于司马懿来说，诸葛亮的存在，以及蜀国的威胁，是其在魏国树立强大威力的根本。因为只要有来自蜀国的威胁，司马懿就有存在的价值。

　　一旦诸葛亮被杀，魏蜀战役结束，由于司马懿位高权重，早已是魏明帝曹叡的眼中钉，必杀之而后快。

　　因此，在这场隔空对决中，表面看司马懿被吓得落荒而逃，但其实这个选择对于双方是双赢的选择。诸葛亮守城成功，而司马懿回魏，虽然被责罚，却保住了性命。

　　在现实中，我们该如何在合作中达成双赢呢？这里给出下面的方法和策略。

　　1. 要对双方的信息有更多了解，了解对方的价值判断。

　　比如，有一包子，A和B都想吃，如果你能及时地了解到A喜欢吃里面的肉馅，而B喜欢吃外面的皮，这样，两个人的目的就都能达到，即是双赢。

　　2. 选择适当地退一步，就有可能也会达成双赢局面。

　　比如空城计，司马懿的表现就验证了这一点。以退为进，实现双方的利益共存。

　　因此，在职场或生活中，如果我们多使用一下双赢思维，就能找到更广阔的合作空间和机会。这对于双方都是有益的。况且令对方也受益，更有利于推进自己的计划。

鲶鱼效应：有了压力，才能有动力和活力

法则精义：鲶鱼效应是一种经典的竞争理念之一，它指的是挪威人大多喜欢吃沙丁鱼，尤其是活鱼。但是市场上活沙丁鱼的价格要比死鱼高出许多。所以，渔民总是会千方百计地想法让沙丁鱼活着回到渔港。但是，虽然经过种种的努力，绝大部分的沙丁鱼还是在中途窒息而亡。有一条渔船总是往鱼槽里放进了一条以鱼为主要食物的鲶鱼。鲶鱼被放入鱼槽之后，因为周围环境陌生，便会四处地游动。沙丁鱼见到鲶鱼后便会十分地紧张，左冲右突，四处躲避，加速游动。如此这样，一条条沙丁鱼便可以欢蹦乱跳地回到渔港，渔夫就是这样利用鲶鱼收获了最大的利益。这便是著名的鲶鱼效应。

应用要诀：鲶鱼效应是激发员工或团队活力的有效措施之一。它主要表现在两个方面：

1. 企业要不断地补充新鲜的血液，把那些富有朝气、思维敏捷的年轻生力军引入职工队伍中甚至管理层，给那些故步自封、因循守旧的懒惰员工和官僚带来竞争压力，才能唤起"沙丁鱼"们的生存意识和求胜之心。

2. 要不断地引进新技术、新工艺、新设备、新管理观念，这样企业才能在市场大潮中搏击风浪，增强生存能力和适应能力。

鲶鱼效应固然可以激发团队和员工的竞争力，但是如若贸然选派"空降兵"，则会在一定程度上削弱原来员工的竞争意识，打消其工作积极性，所以，对一个组织来说，是否要应用鲶鱼效应，需要仔细地考量。

适时引入"鲶鱼"，激发团队活力

在竞争中，鲶鱼效应是激发个人活力和激情的重要法则，它也是管理者用来激发团队活力的重要方式之一。无论是传统型的团队还是自我管理型的团队，时间久了，其内部的成员互相熟悉，就会因为缺乏活力与新鲜感而产生惰性。尤其是一些老员工，工作时间长了很容易出现厌倦、懒惰、倚老卖老，因此管理者就会找来一些外来的"鲶鱼"融入团队，制造一些紧张的气氛。从马斯洛的需求层次理论来说，一个人到了一定的境界，其努力工作的目的就不仅仅是为了物质，而更多的是为了尊严，为了自我实现的内心满足。所以，当你把"鲶鱼"放到一个老团队中的时候，那些已经变得有点懒惰的老队员就会迫于自己能力的证明和对尊严的追求，不得不再次努力工作，以免新来的队员在业绩上超越自己。而对于那些工作能力刚刚能满足团队需求的队员来说，"鲶鱼"的进入，将使他们面对更大的压力，稍有不慎，他们就有可能被清除出团队。为了继续留在团队中，他们也不得不比其他的人更为用功、努力。可见，在你适当的时候引入一条"鲶鱼"，是可以在很大程度上刺激团队中其他员工。

一次，本田公司对欧美企业进行考察，发现诸多企业的人员基本上由三种类型的人组成：一是不可缺少的人才，约占两成；二是以公司为家的勤劳人才，约占六成；三是终日东游西荡，拖企业后腿的蠢材，占两成。而自己公司的人员中，缺乏进取心和敬业精神的人员也许还要多些。那么如何才能让前两种人增多，使整个团队更有敬业精神，而使第三种人减少呢？如果对第三种类型的人员实行完全淘汰，一方面会受到工会带来的压力，另一方面又会使企业蒙受损失。其实，这些人也能完成工作，只是与公司的要求和发展目标相差甚远。如果全部淘汰，这显然是行不通的。

后来，本田先生受到鲶鱼故事的启发，决定进行深入的改革。他首先从销售部入手，因为销售经理的观念与公司的精神理念格格不入，而且他的守旧思想已经完全影响了他的下属。必须找一条"鲶鱼"来打破其部门沉闷的气氛。经过周密的计划，本田先生终于把松和公司销售部副经理、年仅 35 岁的武太郎挖了过来。武太郎接任本田公司销售部经理后，凭着自己丰富的市场营销经验与过人的学识以及惊人的毅力与工作热情，受到销售部全体员工的好评，员工们的工作热情被极大地调动起来，极大地增强了公司的活力。公司的销售出现了转机，月销售额直线上升，公司在欧美市场的知名度不断地提升，活力也大大增强。本田先生对武太郎上任以来的工作非常满意，这不仅仅是因为他的工作表现，还因为销售部作为企业的龙头部门带动了其他部门经理的工作热情和活力。

从此，本田公司每年重点从外部"中途聘用"一些精干的、思维敏捷的、30 岁左右的主力军，有时甚至聘请常务董事一级的"大鲶鱼"。如此一来，公司上下的"沙丁鱼"都有了触电式的感觉，业绩开始蒸蒸日上。

鲶鱼效应一直为很多企业所推崇，因为它能最大限度地激发团队成员的工作积极性和热情，让一潭死水般的企业充满生机与活力。但是，鲶鱼效应也存在着种种的弊端。比如一个团队突如其来的"空降兵"一到公司就被委以重任，这便扼杀了那些本来就很努力的员工的奋斗激情。要知道，对一个人来说，他们奋斗的目的就是为了晋升，而"空降兵"则阻碍了他们的晋升之路，会在一定程度上挫伤他们的工作热情，如此一来，整个团队的战斗力就被削弱了。为此，身为管理者在运用鲶鱼效应的时候，要综合考虑，采取合理的措施去激励那些努力的员工，让"鲶鱼"去激发那些懒散员工的活力。

是否要引入"鲶鱼"，需要慎重

鲶鱼效应一直为很多企业所推崇，但这种引进外部力量刺激内部成员的做法也存在着一定的弊端。其主要表现在：

第一，从企业的大团队方面来讲，从外部引进的人才，其职位都不会太低，他们更多的是我们常说的"空降兵"，一到公司便被委以重任，负责某一块的具体业务。然而，贸然让"空降兵"到来，在一定程度上阻碍了原有成员晋升的机会，一旦他们发现自己失去了上升的空间，他们要么就会选择离开，要么就选择消极对待。如此一来，企业这个大团队的战斗力就被削弱得更厉害了。

第二，对于公司内部的一个小团队来说，既然是为了刺激整个团队的活力，其所引进的"新人"在能力上就不会很弱，如果团队负责人再把握不住度，总是故意将兴趣放到新人身上，一定会引起原有成员的不满，要是这种不满使原有的成员变得更为消极，则引进"鲶鱼"刺激团队活力的结果就适得其反了。

第三，无论是"大团队"还是"小团队"，"鲶鱼"的进入能否与原有的成员形成优势互补，是否具有合作的观念，都是会影响到团队以后的工作热情和积极性的。一旦引入的"鲶鱼"的个人主义观念太重，单打独斗的行为太过明显，那么其不但不会产生鲶鱼效应，还会将团队仅存的一点战斗力给破坏掉。

因此，鲶鱼效应固然可以提升一个团队的战斗力，但也可以毁掉团队的战斗力。是否要采取鲶鱼效应来刺激团队战斗力的爆发，还需要团队领导对实际情况进行具体分析和决策。

莫尔斯法则：要比竞争对手多一点新花样

法则精义： 莫尔斯法则是著名的管理顾问詹姆斯·莫尔斯提出的，即指可持续竞争的唯一优势来自超过竞争对手的创新能力。

应用要诀： 在生活中，莫尔斯法则对个人方面的应用在于，一个人要想脱颖而出，就要比别人多一些新奇的技能，或者在某一领域中成为"不可替代"者。

其在企业中的应用在于，对于任何一个企业来说，可持续竞争的唯一优势，只能来自超过竞争对手的创新能力。在莫尔斯看来，没有创新也就没有竞争的资格，没有竞争资格的企业，也只能迎来衰亡的终途。

要想脱颖而出，就要让自己"不可替代"

莫尔斯法则在个人竞争方面的运用在于，你要想脱颖而出，在同业者中有竞争优势，就要让自己具有"不可替代"性。NBA 总裁大卫·斯特恩说："从本质上讲，乔丹打比赛，也是在为 NBA 联盟、为公牛队打工，这一点我们和他没有什么两样。但是有很多人因为乔丹而认识篮球，认识 NBA 的，这才是乔丹对于这项运动最大的贡献，也证明乔丹是一个不可替代的人，为别人创造了不可替代的价值。"

如果你是企业中那个业绩最高的，平时效率也最高，企业即便裁员也和你没有任何的关系，这个时候你不就是那个"不可替代"的员工了。在企业中，你要记得，重要的是你有多么难以替代，而不是有多么的勤奋。现在很多人都很勤奋，勤奋能不能出成绩，才是评判一个员工是否优秀的标准。

如何让自己成为不可替代的员工，首先你需要具备危机意识。很多人以为自己有各类文凭和证书就可以高枕无忧了，有这样的意识的员工感受不到危机，自然不会想着去提升自己的成绩。在企业中没有业绩说话，任何时候都是被淘汰者。只有时刻具有危机意识才能获得职业生涯的可持续发展。曾有调查过跨国公司的高层，如果他们可以在一夜之间将公司中所有"无用"的员工裁掉，那么他们将裁掉多少？结果出人意料的高，居然这一比例为60%～90%。看到这个数据，你还在自欺欺人地在公司扮演着举足轻重、不可替代的角色吗？

二战以后，受经济危机的影响，日本大量工人失业。其中一家食品公司的效益大幅度地下降，濒临倒闭。为了能够渡过难关，这家食品公司的老板决定，将拥有近100名员工的公司裁员1/3。当时，在公司里，有三种人进入了裁员的名单，即清洁工、司机和仓库保管员，这三种人加起来有30多名。于是经理找这些人谈话，说明了裁员的意图。

当清洁工听说自己要被裁掉的时候，他淡定地说："其实食品公司非常需要清洁工，我们的存在很有必要，老板你可以想想，如果没有人打扫卫生，没有清洁、健康的工作环境，全公司的员工怎么能够全身心地投入工作之中呢？"听到清洁工的话，老板觉得说得很有道理，于是他决定还是先裁掉司机。

当食品公司的司机听到老板说自己要被裁掉的时候，他们也淡定地对老板说："老板，司机对于咱们食品公司不能缺少，我们是必须存在的。您可以想想，如果公司没有我们，咱们公司的产品怎么能迅速地销往各地的市场呢？"老板再一次陷入了为难的境地，他觉得司机说得也很有道理，自己应该先去找仓库保管员，他们应该被裁掉。

当仓库保管员听说自己要被裁掉的时候，他们叹息地说："老板，现在的社会秩序还很乱，假如没有我们仓库保管员，咱们公司里面的食品岂不要被饥饿的流浪汉偷光吗？我们很重要，如果您要裁掉我们，我们也无话可说了。"

老板回到办公室后，仔细地想了想，他认为他们的话很有道理，通过再三考虑，公司最后决定不裁员，而是重新制定了管理策略，在其他方面降低成本。老板还让人在公司门口悬挂一块大匾，上面写着："我很重要"。从此后，员工们来上班，首先看到的便是"我很重要"。这句话调动了全体员工的积极性。一年后，公司迅速崛起，成为日本最著名的公司之一。

我们都知道黄金在人们心中的崇高地位，它被视为财富的象征。人类的钱币史上经历了贝壳、铜币、铁币还有纸币，然而纸币的作用现在也被电子货币所削弱。唯独黄金仍然是世界各国公认的国际货币，因为黄金它"不可替代"。如果你是公司中"不可替代"的员工，你一定是具备像乔丹那种精神的员工。在职场中，不仅仅要有能力，还要有进取精神。你要重视自己的业绩，重视自己的工作。如果你是公司中那个"很重要"的员工，那么任何时候，你都不是应该被裁掉的那一个。

时时创新，才能笑到最后

莫尔斯法则对每个企业经营者来说，无疑是发人深省的。但对于任何一位企业管理者来说，创新都是一个沉甸甸的话题。与其他工作不同，创新难就难在，它要求管理者突破旧的桎梏，从思想上做出转变。都说习惯成自然，思想沿着一条路径走得太远，想要改道也是尤为不易的。

但不论创新是多么不易，管理者们请务必记住这四个字：不进则退。在众人都全力向前的今天，自己就算想要保持现有排名不变，也需要迈出全新的一步，才有可能保证与对手在同一个频率上；如果能够比他们更快一步——哪怕只是小小的一步，结果就更令人欢喜。

自从圆珠笔上市以后，由于书写便利、价格便宜，因此深受人们的欢迎。但不久之后人们就发现：一支圆珠笔一旦用到一定时候，便会出现漏油的问题。漏油的圆珠笔不仅笔迹很粗，而且经常划破纸张，有时候，油墨还会把人的手和衣服弄脏，令人十分头疼。

经过研究，厂家很快就找到了原因：问题原来是出在圆珠笔笔芯中的小圆珠上。随着写字数量的增多，耐磨性本就差的小圆珠会日渐磨损、变小，这样一来，它和笔杆之间的空隙就会变大。这就是笔芯漏油的根本原因。

为了解决这一问题，各个厂商都想尽办法。他们认为，问题既然出在耐磨性上，那就应该增强笔珠的耐磨性。有人提出用不锈钢做笔珠，还有人提出用宝石做笔珠。但这样一来，就算笔珠的耐磨性能够提升，与圆珠相连接的笔杆边沿也会磨损，漏油问题依然存在。何况，如果用宝石做笔珠，生产成本会太高。

就在众人一筹莫展的时候，日本有一位叫中田藤三郎的人提出了全新的解决方案。通过研究他发现，每支圆珠笔都是写了大约 2.5 万字后，笔珠才会出现磨损、漏油的情况。既然如此，为什么不把圆珠管减短，减少内部的储油量，让每支笔杆内的油墨在笔珠磨损之前就用完呢？按照这一设想去生产，他的公司果然取得了巨大的成功，并且获得了独家生产 10 年的专利权。

客观来说，中田藤三郎的这一措施，其实也并没有什么独到之处，比起各位竞争对手，他其实也只不过是多了那么一点点的新颖而已。但就是这小小的超前一步，让他成功地从众多竞争对手中脱颖而出，获得了无与伦比的巨大优势。

不过我们也必须明确：在激烈的市场竞争中，仅仅保持一些微小的优势显然不足以应对挑战。在优秀的管理者看来，创新就是企业的生命线，这一条线永远都是越长越好。

说起当今世界上最了不起的食品制造商，雀巢是当之无愧的第一。作为全球最大的食品制造商，雀巢在世界范围内已经拥有 500 多家工厂。雀巢之所以能做到这一步，与管理层重视创新有很大的关系。

雀巢的强大不仅体现在他的资产和规模上，也体现在其食品研发领域。根据数据显示，仅在 2008 年，雀巢在研发上的投入就达到了 19.8 亿瑞士法郎，折合成人民币高达 120 亿元！除了雀巢，当今世界上还没有任何一家公司，能够在产品的研发领域投入如此巨额的人力与财力资源。

有一年，雀巢公司发现自家生产的铁罐装糖果和浓缩牛奶，市场份额正不断下降，于是公司果断决定，采用新型的包装理念和包装生产线。他们用配有清洁、可调节阀门的可挤压塑料瓶，来替换原本的牛奶灌装，产品刚一上市就赢得了消费者的喜欢。尽管新型包装的成本太高以至于雀巢不得不提高售价，但到头来，产品的销售量仍然增加了15％以上，为公司带来了巨大的利润。通过这一举措，雀巢也给全世界的消费者留下了新潮、优质、人性化的印象，更进一步巩固了自己在消费者心中的地位。

为了应对复杂而激烈的竞争，各个企业的管理者们都会绞尽脑汁、各显神通，但在绝对实力的差距面前，任何的小算盘都会显得苍白无力。强者愈强、弱者愈弱的马太效应并不是偶然出现，强者与弱者的差距，更是有着深层次的原因。

在优胜劣汰的残酷市场竞争中，但凡是一个强大的企业，都不会忽视攸关自身存亡的竞争力。企业管理者的责任，就是通过运用各项管理职能，合理调配企业内部的一切资源，实现企业的最佳竞争优势。而创新正是企业的最大优势所在。唯有创新，才能让企业紧跟时代发展的步伐、紧跟市场和广大消费者的需求，更能在生产和经营中把握先机、把握主导。这就是所谓"先发制人"的道理。哪怕比对手稍快一步，所能带来的利益都是极为可观的，这种利益不断累积，企业的强大与超前也就成为必然。

因此，对管理者强调创新，不仅是根据市场局势得出的结论，更是企业自身发展的必然要求。忽视创新，也就等于忽视企业的生命。每一位管理者在经营企业的过程中，都应该有革故鼎新的觉悟和魄力，更要用实际行动来表明自己的心志。只有不忘创新，时时创新，企业才能够拥有笑到最后的资格。

彼得原理："合适的"永远是最好的

法则精义：彼得原理是由加拿大著名的管理学家劳伦斯·彼得提出，即指"在一种等级制度中，每个员工都趋向于上升到他所不能胜任的职位"。彼得指出，每一个员工在原有职位上工作成绩好（胜任），就将被提升到更高一级职位；其后，如果继续胜任则将进一步被提升，直至到达他所不能胜任的职位。由此导出的推论是："每一个职位最终都将被一个不能胜任其工作的员工所占据。层级组织的工作任务多半是由尚未达到胜任阶层的员工完成的。"每一个员工最终都将达到"彼得高地"，在该处他的提升商数（PQ）为零。

应用要诀：彼得原理在个人领域中的应用在于，一个人只有在合适的位置上，才能发挥其潜能。这也意味着，你晋升的位置越高，越能获得良好的发展空间。如果你的能力与现在的位置严重不匹配，那么就会限制自身的发展。

同时，在一个组织中，一个管理者不要一味地提拔员工，而是要将其放在最适合的位置上，否则，过高的位置有可能限制其潜力的发挥。

晋升的阶梯，并非越高越好

彼得原理实际上是一个可怕的推断，如果推断成立，无论对于个人还是组织来讲，都将是一场灾难。人人都渴求突破，希望自己在晋升的阶梯上越爬越高，但爬得越高，未必会发展越好，如果你的能力与现在的位置严重不匹配，那么爬得越高，往往意味着摔得越惨。诚然，我们应该勇于突破自己的发展瓶颈，但前提是我们确实已经做足了准备，能确保自己登上山巅后看到的是脚下的无限风光，而不会因为过度恐高产生眩晕感。

奥克曼是一家汽修公司的技师，他很胜任这份工作，对目前的职位也比较满意，因为表现出色，老板打算提拔他当行政人员。奥克曼不熟悉行政工作，也不喜欢做方案，所以很想回绝老板的好意。但他的太太却鼓励他接受这份新工作，理由是如果他获得晋升，薪水也会跟着水涨船高，这样他们就可以换部像样的新车，添置一些有档次的物品了。

奥克曼虽然极度不情愿，但还是在太太的极力劝说下选择了屈服。由于新工作过于枯燥乏味，他的工作热情逐渐降低，更让他懊恼的是，他发现自己根本胜任不了这个岗位，因此变得越来越焦虑。上任半年来，他一直表现平平，从工作中丝毫找不到成就感，为此心中充满了挫败感，脾气变得越来越暴躁，回家以后经常跟妻子争吵，婚姻因此陷入了危机。没过多久就患上了胃溃疡。医生劝他戒酒。从此他连借酒消愁的权力都被剥夺了。

奥克曼的同事哈里斯也是一名优秀的技师，老板也曾想要把他提拔到更高的位置，但是哈里斯深知目前的工作是最适合自己的，所以就婉言拒绝了，继续在自己的本职岗位上工作。后来，他的技能水平越来越高，老板视他为不可或缺的人才，不断地给他加薪，为他提供了可观的奖金和红利。哈里斯的生活越来越宽裕，他购买了适合全家人出行的新车，为太太添置了新装，并给儿子买了最新款的棒球手套，他们一家过上了幸福美满的生活。

雄心万丈的人常鼓舞自己说，晋升的阶梯爬不完，其实梯子不是越高越好，适合自己的才是最好的。诚然，我们不该放弃任何一次提升自己的机会，但超越并不等于无休止地往上爬，蜗牛爬到金字塔顶端会选择止步，因为它深知自己不是鹰，不可能翱翔于蓝天，世上没有一座通天塔可以让它爬到雄鹰飞翔的高度。对于自身的局限性，我们要有一个正确的认识，不要逼迫自己站在不适合的阶梯上，否则以后的人生就有可能在战战兢兢中度过。

原地踏步、安于现状是不可取的，但是在能力或经验不足的情况下，过早地迈向更高的阶梯，随时都要面临失足坠落的风险。我们必须让自己的才能和所处的位置相匹配，这样才能游刃有余地做好分内的事，好高骛远、眼高手低则误人害己。

一味地提拔员工，会限制其自身的潜能发挥

任何一个组织内部的管理者，都会把晋升职位作为激励员工发挥所长的常用办法，彼得原理的存在却像一头拦路猛虎，让他们屡屡碰壁。彼得原理的这一巨大影响力，也使所有的有识管理者都不得不打起精神来面对。彼得原理的意义就在于它告诉了所有的管理者一个道理：不顾实际情况，一味提升员工，反而是对员工发挥自身潜能的限制。

在艾克西尔市的工程部门，有一位名叫米尼恩的维修领班。米尼恩为人亲和友善，因此几乎所有的市政府官员都对他十分赏识和称赞。工程部门的一位监工就曾明确地表示："我十分喜欢米尼恩的为人，因为他在工作中既有准确的判断，又总是拥有能够感染别人的热情。"米尼恩的这种性格，与他的岗位毫无疑问是十分贴合的——他只需要做好自己的工作，而不参与任何的决策，因此也就无

须和上级领导产生分歧和争执。

后来，那位十分赏识他的监工退休了。上级领导决定，由米尼恩来接任那位监工的职务。但在工作中，米尼恩像以前那样，随意地附和所有人的意见。对于上级领导的指令，他也总是毫无异议地全盘接受，一股脑儿传达给领班。结果导致许多政策经常出现矛盾冲突，计划也不得不一再改变。很快地，包括市领导、纳税人和员工在内的所有人的抱怨彻底淹没了米尼恩。

而米尼恩却依旧没有改变。对于上级领导的指令，他还是唯唯诺诺地接受，虽然是一名监工，但他看起来更像一个传递信息的信差。由于缺乏监工的能力，他的维修部门经常超出预算，原定的工作计划也总是无法按期完成。米尼恩就这样从一名合格的领班，变为不合格的监工。

这样的事例，在任何一个成熟的层级组织中都是十分常见的现象。不论是对于管理阶层而言，还是对于员工个人而言，彼得原理都有着极为重要的意义。在这里，单就管理者的角度而言，我们也可以为他们提出如下的重要建议。

1. 升职不是百分之百适用的奖励。

"升职加薪，当上总经理，出任 CEO，走上人生巅峰。"这是当今社会上一句广为流传的段子。但我们不得不提醒我们的管理者们：给员工升职和给员工加薪，完全是两个不同的概念。比起加薪，升职意味着员工必须承担更多的责任，对组织也就会产生更加巨大的作用。如果员工本身并不能适应自己的岗位，这种提升反而是对员工本人和组织的双重伤害。

2. 提升员工的机制要科学合理。

给员工升职，也是对管理者用人智慧的一大考验。追求效率的管理者，面对表现优异的员工难免青睐有加，并对他们产生"值得倚重"的看法。但在做出提升决定的时候，却千万不能感情用事。一个组织的管理者，理应在下属员工的提升机制上不断完善，力求做到科学合理。良好的用人机制，必须做到客观审查每一位员工的真实能力水平，并将他们放在合适的岗位上发挥潜能与力量。

第十章

危机：真正的强者，
都能在绝望中找寻到希望

　　一个伟大的企业，对待成就永远都要战战兢兢，如履薄冰。

——张瑞敏（海尔集团 CEO）

　　预防是解决危机的最好方法。

——里杰斯特（英国危机公关专家）

吉尔伯特法则：最大的危机是没人跟你谈危机

法则精义： 吉尔伯特法则是由英国人力培训专家 B. 吉尔伯特所提出的，即指工作危机最确凿的信号，是没有人跟你说该怎样做。它告诉我们：身为下属或者员工，当有人教训和指点你的时候，意味着有人关心你。怕的是根本没有人跟你说什么，也没有人教你怎么去做。这等于说你没人管了，游离于纪律、规章的制约之外，看似自由，实际上是危机四伏。

应用要诀： 吉尔伯特法则给我们这样的启示：1. 当别人对你说长道短，甚至挑剔或嘲讽时，说明你正在被对方所关注；当周围的人再也不提及你或不愿提到你，说明他们在忽视你的存在，说明你的存在价值在削减。

2. 在职场上，尤其对于职场新人来说，当有人批评你或给你指点的时候，那是你的幸运；当真的没人搭理你，或被人隔离的时候，你的危险便降临了。

真正的危机在于没人告诉你危机

吉尔伯特法则从侧面说明了一个问题，人是具有群体性与社会性的，人与人之间其实是唇齿相依地存在着的，一个人有赖于他人的反映才会更全面、丰盈，一个人只有被群体所关注，其生活和生存才能变得更为丰富和更有意义，否则，你若是被群体给隔离开来，总是孤芳自赏，那么你就会变成一个"平面图"，别人从你身上根本无法看到立体的全景。甚至可以说，如若没有别人眼睛对你的反照、观望和扫描，你的生活就会变得淡而无味，有时候甚至还会怀疑自己存在的意义。所以，当你听到周围有人对你评头论足，甚至批评你，指出你身上的缺点或弱点时，说明有人在关注你，甚至关心你，这也从另一个层面说明你是幸运的。一个人真正的不幸是，被群体集体性地漠视和不关注，那时，你的危机也就出现了。

刘佳是个聪明上进的学生，各门成绩都极为优异，为此她也收获了诸多的夸赞。在掌声和夸赞中长大的刘佳，似乎经不起别人的任何批评。一次在数学课堂上，刘佳因为没有认真地听课，而是偷偷地在看小说而被老师点名批评，这让刘佳很是难堪，于是她起身便起身回怼老师道："这节课的内容我早就掌握了，凭什么不可以看看课外书！"这种回怼使老师极没面子，数学老师只是看了她一眼，没再说什么。自此之后，数学老师便不怎么关注她了，上课不提问，就连平时与她的交流也变得少多了，这让刘佳极为失落。自此之后，她渐渐地对数学失去了兴趣，成绩也是跟着一落千丈。但是极为自负的刘佳也忍受不了其他老师的批评，就这样，渐渐地，刘佳便从一个各门成绩极好的学生，变成了一个中等生。

刘佳的经历说明，人是具有群体属性的，就像人需要食物、水与住所一样，当你受到他人的关注，尤其是正面的关注，比如赞美、夸奖时，我们便拥有了向上奋发的动力，我们的生活也会变得更有意义和富有激情。而当周围的人，尤其是与你息息相关的人开始隔绝你、不理睬你时，就等于你的部分群体属性被剥夺，那么你也就会丧失奋力向上的动力。也就是说，人生真正的危机，是没人告诉你危机。

我们每个人都或许有类似这样的经历：小时候，自己的父母对自己太过严厉，一点小事都会被他们指责、批评。要知道，那些能看到你的缺点，并且会向你当面提出你性格缺陷的人，多多少少都是在乎你的，尤其是你周围的亲人，他们希望你能变得更好。同时，也正是因为他们的"反照"，才使我们的存在变得更有价值和意义，也使我们的人生变得更好。

别怀疑，给你提意见、对你苛刻的上司都是好上司

吉尔伯特法则曾被广泛用于职场中，即指在职场中，如若没人告诉你该如何去做，那你就真的危险了。也就是说，在工作中，有人指点你，对你苛刻，那便是你的幸运。为此，当你在职场中遇到一位经常给你提意见、对你苛刻的上司或老板，请别去怀疑，这样的上司或老板才是真的好。正是他们的严厉、挑剔提升了你的工作能力，增强了你的意志，让你变得越来越优秀，也让你的未来越来越光明。很多时候，苛刻是一种精益求精的追求，是一种对工作的热爱。苛刻的老板有着其他老板没有的特质，他们善于发现员工的能力并且加以运用，让员工迅速地成长起来，进而为公司创造更大的价值。

要知道，如若有一天，老板真的不再苛责你、给你指导或提意见时，那说明你的"价值"被否定或被人所忽视，那么，你也距被"离职"不远了。

从北京某名牌大学毕业后，常倩在一家广告公司找到了走出校门的第一份工作。她年轻漂亮，活泼开朗，做起工作来又积极认真，到公司没几天就和同事们玩到了一起，相处得非常愉快。

但是，这种好日子没过几天。原来公司老板是个不苟言笑、对工作又认真的人，他认为常倩初来就锋芒毕露，担心她日后会禁不起事情，所以，决定考验一番她，让常倩写一份广告策划方案。

毕竟刚来，常倩对公司业务还不熟，更别说写广告策划方案了，

她感到这是老板对自己的一种刁难，非常恼火，甚至想到了要放弃这份工作。不过，很快她转变心态，"这个工作任务很难，我要感谢老板给了我锻炼自己的机会"。

想到这里，常倩开始马不停蹄地查看客户产品的详细资料，认真地请教有经验的同事等。苦战了整整两天后，常倩终于写好了策划方案。先得到了同事们的肯定后，常倩才上交了任务。

老板审阅完策划后，惊诧于常倩与众不同的创意、缜密的思维，可仍旧东涂西抹，不留情面，并严厉地要求常倩要再认真修改一遍。常倩虽有些委屈，但没说什么，依然很谦虚地感谢老板的指点。常倩前前后后一共修改了三遍，老板这才满意。

有同事替常倩抱不平，抱怨和指责老板的专制和挑剔，常倩却笑笑说："不，我要感激老板给我带来的成长、进步的机会。"事实也证明了这一点，常倩确实得到了能力和职位的提升，如今她已经是公司策划部的经理，工作如鱼得水。

由此可见，老板的苛刻并非坏事。就算老板批评、刁难你，你也不必抱怨，将之变成一种动力吧！那么，你无穷的智慧将被源源不断地挖掘出来，老板每一次的苛刻都将变成你学习经验、提高能力的好机会。

我们知道，公司是以获得利润为经营目标的，老板出于对公司发展的考虑，会督促员工们充分地发挥自己的聪明才智，并且全力以赴地为公司做贡献。换作你是老板也不例外，如此你就不难理解老板所谓的"不近人情"和"苛刻"了。

要知道，河蚌只有忍受住沙砾的磨砺，才能孕育成绝美的珍珠；铁只有经过烈火的淬炼，才能炼就锋利的宝剑。好的经验也是如此，我们只有在忍受老板的严苛之后，才能获得能力和经验的提升，一步一步走向成功。为此，我们应该感谢老板的苛刻，做好自己的工作。

本尼斯第一定律：别让意外打乱了步调

法则精义： 本尼斯第一定律是由美国加利福尼亚大学商学院教授本尼斯提出，即指在计划的执行过程中经常有意外状况发生，千万不要以为计划制定好了便万事大吉，一个小小的意外就完全有可能使计划脱轨，并且一发不可收拾。因此，计划执行过程中的监控和反馈是极为重要的。

应用要诀： 本尼斯第一定律告诫我们，非日常工作有可能推迟日常工作，并扼杀所有的计划和基本变化。不周之虑，最易致轻率之举；意外之事，常成燃眉之急。

别让小事打乱了你的计划

著名作家肖剑说："很多时候，让我们疲惫的并不是脚下的高山与漫长的旅途，而是自己鞋里的一粒微小的沙砾。"同样，在生活中那些妨碍你的，往往不是什么大事，而是鸡毛蒜皮的小事，正如本尼斯定律中所讲的，那些打扰我们整体计划或规划的，并非什么大事，而是令人意料之外的小事情。比如，你已经根据领导的安排，做好了上午的工作计划，但因为一句不经意的话与对面的同事发生了冲突，导致心情变差，工作计划被搁置；你答应上司要在一周内交一份调查报告，却因为突然生病，而使计划书迟迟无法交上去……其实上，那些看似微不足道的小事之所以能扰乱我们的计划，一方面是因为我们考虑不周，另一方面也是因为始料未及。这就要求我们在做计划或规划的时候，一定要考虑周全，或给"意外"预留一些时间。

另外，我们也不要在"小事"上过多地计较，时刻清楚自己的主要目标是什么，不要与无关紧要的小事过多地纠缠，以节省我们的精力和时间。比如一位男士请爱人去看电影，以巩固两人的感情。但是因为影院人太多，另一个人一不小心踩了那位男士的脚，男方便开始不依不饶，两人大打出手，最终都悻悻离去。这就是太过计较小事，而致使自己的目标被搁置。

生活中，通常出现这样一些情况，如：你本来安排好的这一个小时要高效率地看一本书，但是电话铃声响了，你的朋友要找你聊天；或者这个时候你打算安排自己完成一项任务，但是途中被无数封邮件打断，通常情况下，你会选择怎么做呢？是将手头上的工作做完，再去接电话和回复邮件，还是先回复邮件、接完电话，再继续往下做事情呢？

微机系统领域里有一个计算机专业名词叫作"中断"。"中断"的含义指的是：当出现需要时，CPU 暂时停止当前程序的执行转而执行处理新情况的程序和执行过程。当中断执行完毕时，CPU 再高速运行，回到刚刚被停止的程序里继续运行。从"中断"出现到回至原来的任务，这一过程是需要 CPU 耗能的，同时也需要 CPU 高速运转。

就连这种高科技产物被打断再回至原程序都需要时间。更何况人呢？

在工作学习中，要尽量避免被琐事骚扰，不重要的事情能不做就不做。紧急的事情往往是当事人觉得必须马上做完才显得紧急，最糟糕的就是有些人因为性格上的原因，觉得每件事情都得第一时间完成。有很多事情是可以先放一放甚至完全省掉的，不要让一些琐碎小事打乱你的学习与工作。

建立好的监控机制，以防意外的变局影响大局

本尼斯第一定律的提出者本尼斯认为，那些失败的企业之所以失败，就是因为在企业发展的过程中，那些非日常的工作推迟了所有内部人员的日常工作，并扼杀了所有的计划和基本变化。所谓"非日常的工作"，显然是指那些不请自来的麻烦。通过阐述这一看法，本尼斯向所有的管理者介绍了一个万分重要的管理定律——本尼斯第一定律：绝不能忽视计划执行环节中可能出现、已经出现的，看似微不足道的小问题。

如果不是太过较真的话，我们完全可以把任何一个刚拟定出发展战略的企业，形容为在阳光下嗡嗡飞舞的蜜蜂：前途光明，路途杳渺。对于那些心怀壮志的管理者，我们必须无情地指出这样一个事实：在理想与现实之间，隔了无数个变数，这些变数，很有可能影响大局，也就是说，其中的每一个意外都有可能让他们阴沟翻船。

这一说法绝不是危言耸听。如果我们对那些成功的企业有足够的了解，就可以发现，这些企业在预防机制上都下了很大的力气。表面上看起来他们是上天的宠儿，其实也只不过是比别人多留了一个心眼儿罢了。而这看似简单的"多一个心眼儿"，就是本尼斯第一定律最苦口婆心的劝告。

著名快餐麦当劳的创始人雷·克劳克曾经说过这样一句话："我十分强调细节的重要性。在我看来，如果你要把整件事做好，你必须做好你业务中的每个基础环节。"麦当劳后来的历任总裁也都继承了这一管理理念，这才使麦当劳在世界快餐行业中占据了重要的地位。

麦当劳十分注意服务环节的每一个细节，并且对每位员工都提

出了同样的要求。每一位员工刚进麦当劳时，首先会领到一顶白色的帽子，然后从最简单的炸薯条工作开始学起。等掌握炸薯条之后，他们又要学习做奶昔，就这样一直做到烤圆面包和牛肉饼。休息期间，他们也必须待在一间小屋子里，接受电视培训——在房间里有一台电视和一台录像机，不停地循环播放着诸如如何更好地做一个汉堡、如何保持薯条松脆之类的宣传片

不仅如此，为了避免任何因疏漏而招致的意外变数，麦当劳还费尽心思编写了一本《麦当劳手册》，书中囊括了麦当劳所有服务的每个过程和细节。通过这本书，即使是刚入行的菜鸟也可以在最短的时间内熟悉工作流程，成为老手。

或许有一部分管理者认为，对于各个环节都操心费神，只是在加重管理者的工作负担。然而，即使这一工作真的成为负担，我们也只能请管理者们多多担待。要知道，负担即使真的加重，管理者也多少可以承受得起；可对于企业来说，任何的微小意外变数，都是不能承受的。

美国国际电话电报公司的行政总裁哈罗德·吉宁认为：一名卓越的管理者从来不会对细节问题撒手不顾，反而在适当的时候会对它追根究底。

在工作中，吉宁也是一个极为苛刻的人，他对细节的执着堪称"疯魔"。吉宁有着令常人惊异的记忆力和速读能力，他喜欢了解和掌控原始数据，而不是由下属把材料总结好再交给他。他曾经说：有许多事不需要我知道，但在事后，我必须知道这是怎么回事。一旦发现任何问题，他就会迅速地行动起来，并要求负责该项目的下属介绍详细情况，以便在最短时间内解决。他的一位行政主管说过："在国际电话电报公司由吉宁一人解决的问题——有许多是小问题——比其他任何一家大公司都要多。"毫无疑问，这是一种极为婆婆

妈妈的管理作风。事实却是，通过吉宁这种严格细致的工作作风和办事原则，公司的规模在短时间内，就扩大了足足 10 倍！

在现代组织管理中，有一个最为基本的概念——过程管理。所谓过程，是指"将输入转化为输出的、彼此相互联结的一系列活动"。这一定义不仅是对"过程"二字的直观解释，同时更提醒了管理者们这样一个事实：任何一个与企业当下目标相关联的领域，都必须纳入管理者的工作之中。

俗话说，千里之堤，溃于蚁穴，即使是规模再为庞大、实力再为雄厚的企业，也不能拍着胸脯，保证自己一定能够安然度过所有的风浪。而管理者最为稳妥的做法，就是引导企业走一条平稳的路，至少也要尽量规避意外干扰，使企业的运行步调不致经常被打断。

当然，我们也要承认，管理者不是万能的，也不是机器人，要让他们永不疲倦地全盘了解，显然是寄望太多，也是太过刁难。因此我们也得建议管理者们：你们需要一个好的监管机制。人力监管的效率远远不如制度监管高，有效的机制同样可以在第一时间内起到遏制负面影响的作用。总而言之，对于管理者来说，重视企业目标，就要重视过程；重视过程，就必须重视规避意外。

卡蒂埃定理：思维走入死胡同，难题永远是难题

法则精义： 卡蒂埃定理是法国哲学家埃米尔·卡蒂埃提出的，即指如果只有一条路可走，那么这条路往往是死胡同。当你心中只有一个念头时，你那个念头也许就是最危险的念头。

应用要诀： 卡蒂埃定理讲的其实是思维固化的问题，当你的思维走入死胡同，难题也就永远地变成难题了。它旨在告诫我们，很

多事情按照常规的思维或常规的方法去解决的时候，往往会变得异常困难，很容易让你走入死胡同，很容易使你陷入麻烦或危险中。

同时，其定理对于企业管理者的启示是，如果在经营中遇到棘手的难题，先不要急于解决，也切勿用常规方法贸然下手，而是先让自己冷静下来好好想一想，就可能发现意想不到的解决方案。

不是问题没法解决，多是思维不正确

卡蒂埃定理在日常生活中有着极为广泛的应用，即当我们遇到难题时，如若一味地运用常规或固有的方法或方式去解决，很容易走入死胡同。很多时候，我们觉得问题没办法去解决，多是因为思维不正确。

一家三口人，由一个城市搬到另一个城市居住。初到新的地方，他们想租一间房子，夫妻两人带着 5 岁的孩子跑了一整天，直到傍晚时分，才好不容易看到一张公寓出租的广告。他们赶紧跑过去，房子出乎意料地好。于是，丈夫就上去敲门询问。这时，十分温和的房东出来，对这三位客人从上到下地打量了一遍。丈夫鼓起勇气问道："这房屋出租吗？"

房东遗憾地说："啊，实在是对不起，我们的公寓不招有孩子的住户。"丈夫与妻子听了，一时不知如何应对，于是，他们便默默地走开了。而那位 5 岁的孩子，把事情的经过从头至尾都看在眼里，心想：果真没有别的办法了吗？他用稚嫩的小手，又一次敲开了房东的大门。

门开了，房东又出来了。这个孩子精神抖擞地说道："奶奶，这个房子我租了。我没有带孩子，我只带来了两位大人。"

房东听罢，高声地笑了起来，就决定把房子租给他们住。

当爸爸带着全家去租房子，房东的要求似乎让租房的问题陷入死胡同，但从小孩的角度出发，运用新的思维方式便轻而易举地解决了这个难题。

所以，生活中，当你觉得问题棘手时，就要懂得去改变常规的思考轨迹，用全新的角度、全新的方式去研究和处理问题，让所谓的"不可能"的问题，轻而易举地得以解决。所以说，这个世界上并没有真正无法解决的问题，你所谓的问题无法解决，多数情况下是因为思维不正确。

65 岁的马莉莎在退休后，到一个学校附近购买了一间简陋的房子。她住下的第一个月还显得很安静，但不久就有三个年轻人开始在附近踢垃圾桶闹着玩。老人受不了这些噪声，出去便跟年轻人谈判。

"你们玩得真开心。"她说，"看你们玩得这么高兴，我真的为你们感到高兴。如果你每天都来踢垃圾桶，我将每天给你们一美元。"

三个年轻人听罢很高兴，便更加卖力地表演"足下功夫"。不料三天后，老人便忧心忡忡地说："通货膨胀减少了我的收入，从明天起，我只能给你们 0.5 美元了。"

年轻人显得很不开心，但他还是接受了老人的条件。他们每天便继续踢垃圾桶。一周之后，老人又对他们说道："最近没有收到养老金，对不起，我只能给你们 0.2 美元了。"

"0.2 美元？"一个年轻人脸色发青，露出惊讶的表情，"我们才不会为了区区 0.2 美金而每天去浪费宝贵的时间去表演呢，不干了！"

从此之后，老人便又过上了安静的日子。

不让他人吵到自己，很多人都会选择运用强制的手段进行，但是针对血气方刚、叛逆心极强的年轻人，这样做的后果很可能使矛盾激化，"踢垃圾桶"事件可能愈演愈烈。而老人则运用了新的思维方式，先给足他们面子，然后再以小小的"投入"便永久地解决了自己的难题，可谓巧妙。

生活中，我们多数人都习惯于正向思考，很少站在事物的对立面，一反常规地求异逆想，结果徘徊在一道看不见的陈旧观念、僵化思维的墙面前，百思不得其解。其实，生活中的每个问题都是一扇门，它并不在乎你用什么方式去打开它。懂得调整思维方向，让大脑和心理来个大反转以后，说不定那扇门就开了。

冷静思考，转变思维，避开风险，寻找出路

尽管每位企业管理者都希望自己可以有更多的选择，但很多时候，他们绞尽脑汁，最终却发现眼前似乎只有一条可选的路。"那么，算了吧，就只能这样了吧"——这是很多人第一时间的反应。但卡蒂埃定理提醒我们："不能这么干！"

卡蒂埃认为：如果一个人脑海中只有一个念头，那么还是不要高兴太早比较好。因为这个念头，搞不好就是最危险的那个念头。在卡蒂埃看来，如果遇到那些难以解决的问题，人们在动手解决之前，最好还是不要太过冲动，不要想当然地做出所谓"唯一的选择"。

有一位牧师在家里苦苦思考第二天的布道词，他淘气的儿子却在一旁搅得他心烦意乱。正巧他的妻子也不在家，为了让儿子安静下来，牧师灵机一动，扯下了一本杂志的世界地图封面，并将它撕成零碎的小块。他告诉儿子，只要他能够将世界地图拼好，就给他1美元。

就在这位牧师觉得自己可以享受清静的时候，才过了不到 10 分钟，他的儿子就把拼好的世界地图拿到了他的面前。牧师对此十分惊异，便询问儿子究竟是如何做到在这么短的时间里拼好这么复杂的地图的。儿子听后得意扬扬地挥着手中的地图说道，他只是发现，地图的背面是一个人的头像，于是他就按照人像来逐一拼凑；等到人像拼好，地图也就成功拼好了。牧师听后，只好把 1 美元交给了儿子。

这位牧师之所以会失算，就是因为他眼中只看到一条路径、一个办法，不懂得转变自己的思维。而这单一的方法和路径，很多时候是笨办法、绕远路。在企业经营之中，管理者如果孤注一掷、埋头蛮干，结果通常也不会好到哪里去。

乔·赖特是美国著名的"谷物大王"，在他 28 岁那年，他脑中就只盘旋着同一个念头：垄断全国的小麦市场。

就在同一年，乔·赖特揣着老父亲积攒下来的百万美元，毅然钻进了小麦的期货市场。在他眼里，一百万美元投入期货市场，唯一的结果就是一千万美元的收益。为此，他做了大量工作，希望能够维持期货合约，并使小麦价格逐步上涨。在接下来的三四个月里，他几乎买下了所有小麦的合约。

表面上看起来，他的这一决定十分明智。因为此后不久，欧洲和印度的小麦就出现了歉收，在芝加哥市，小麦价格也不停上涨。一旦冬天到来，大湖冻结，小麦就无法在春天前运到芝加哥。乔·赖特正是把所有"赌注"都押在了芝加哥的冬天。

但遗憾的是，乔·赖特的这一算盘还是落空了。美国的爱默家族一直经营肉类食品工业，对于小麦的重要性十分明了。为了避免更大的经济损失，爱默直接向下属的船长指示：从冰封的大湖中凿出一条航路来！

小麦就这样一船一船地运到了芝加哥。乔·赖特的计划已然失败。但乔·赖特不仅没有收手，反而大量买进这些麦子，妄图以此翻身。但没等他进行下一步，政府也发出了通知：将从其他城市大量进购小麦。乔·赖特的计划彻底破产，他不仅没能获利，反而亏损了。

尽管市场竞争十分激烈，但企业的经营者只要用心，就总会发现竞争对手尚未注意到的市场。在这之前，管理者所要做的就是擦亮自己的双眼，保持清醒，不要在机会已经接近的时候阴沟翻船。错过一个机会，也许还可以坚持到下一个机会到来；可要是彻底翻船，等待自己的就只有失败的结局。

每一个人都或多或少地拥有"赌徒心理"，管理者也不例外。但管理者必须谨记：越是当自己眼前看起来山穷水尽、别无选择的时候，自己就越是要保持极度的冷静与耐心。所谓的别无选择，其实往往是由于自己只看一点、不辨全面，倘若自己真的不惜一切、孤注一掷，结果必然伴随着不可预料的巨大风险。

俗话说，天无绝人之路，对于陷入困境之中的企业经营管理者而言，这真是一句最为正确的话。虽然每条路径的终点不可改变，选择哪条路却取决于管理者个人的思考。如果管理者不加思考就过早放弃，接受现有的状况，一味蛮干，便与把头埋在沙子里的鸵鸟没什么区别。在这条路上不论走得多么辛苦、多么卖力，也绝对不会成功。

所以卡蒂埃定理要告诉管理者的金玉良言就是：换一个方向来思考。任何事情都是一体两面，危机也好、困境也罢，机会始终都隐藏在其中，有待管理者以全新的眼光来注视。即使是看起来无懈可击的庞然大物，也会有一个一戳即破的软肋；看似日暮途穷的末路，背水一战或许就成了生路。这说到底是市场局势对管理者的智慧能力考验，而非断绝一切希望的终章。但这一切建立在管理者没有失去理智的前提下，如果管理者真的放弃了思考，以蛮力来取代智慧，那才是一切失败的开始。

布伦尼曼法则：商机往往蕴藏在危机中

法则精义： 布伦尼曼法则是由美国大陆航空公司总裁格雷格·布伦尼曼提出，即指危机不仅带来麻烦，也蕴藏着无限商机。有人不喜欢危机，但危机无处不在。

应用要诀： 布伦尼曼法则为我们提出一种新的思维方式，在现实生活中，危机是无处不在的，但是危机中往往藏着商机，有毅力者和明智者的机会往往是在绝望之处找寻到的。所以，我们要懂得突破思维盲点，开拓更光明的道路。

危机无处不在，危机中却藏着"时机"

如果要列举企业的经营管理者们最讨厌的几个词语，"危机"一定榜上有名。的确，对于任何一个经营者来说，顺风顺水的经营、管理才是最为惬意的事情，要是被危机找上门来，光是应付就需要花费大量的精力，更可能给企业的发展带来巨大的阻碍。因此，现实中绝不会有哪位企业的管理者期盼危机的到来。然而，危机的出现与消亡并不是以人的意志为转移，如果危机出现，管理者们又该如何看待、如何做出应对的策略呢？

布伦尼曼法则给我们的启示是，危机在带来麻烦的同时，也蕴藏着无限的商机。虽然危机不受人欢迎，但危机无处不在。这一法则给管理者两点启示：第一、别想着摆脱危机；第二、危机也是机遇。

相比之下，第二点启示更是布伦尼曼要重点表达的，也是布伦尼曼法则的核心。对此，中国也有一句广为流传的古语，可以看作对这一观点的本土描述："祸兮福之所倚，福兮祸之所伏"。从布伦尼曼法则之中，我们或许可以这样告诫我们的企业管理者：一个优秀的管理者，从来不会只想着躲避危机；能够利用危机反败为胜的人，才称得上是真正优秀的管理者。

在美国有一位经营肉类食品的老板，在生意闲暇时，他总是喜欢阅读报纸来打发时间。有一天，他在报纸上看到了这么一则毫不引人注意的小消息：位于美国南部的墨西哥发生了类似瘟疫的流行病。这位聪明的老板立即想到：墨西哥的瘟疫一旦流行起来，美国本土也势必被传染。而美国与墨西哥相邻的两个州，又恰恰是美国肉食品的主要供应基地；如果发生瘟疫，这两个州的肉食品供应也必然受到限制；如果这两个州受到影响，内地的肉类食品供应必然紧张，肉价定会飞涨。于是他当即派人前往墨西哥打探实情。当得到瘟疫流行属实的消息后，他立即调集大量资金，从全国各地购买了大批菜牛和肉猪饲养起来。过了不久，墨西哥的瘟疫果然传到了与美国相邻的那两个州，美国政府紧急宣布，对这两个州的肉类供应做出严格的限制，内地市场的肉价当即疯狂上涨。眼见时机已经成熟，这位老板当即果断大量售出菜牛和肉猪，事后经过一番盘点，老板发现他从中净赚了数百万美元。

瘟疫的消息对于任何一位肉食品经营者来说，都绝不是一个什么好消息，然而案例中的这位老板反其道而行之，利用这一行业危机巧妙地大赚了一笔。其实，即使是面对同样的危机，不同的企业也会迎来不同的结局。有的企业在危机过后，仍旧屹立不倒；有的企业却在危机的风暴中化为乌有。这一方面是企业自身的实力所限，但在很大程度上也与管理者的应对心态、能力和策略有很大的关系。

如果说在管理者的眼中，危机是一个很可怕的概念，那么布伦尼曼法则的意义就在于帮助管理者打碎自己的畏惧心态。任何危机都很可能伴随着难得的机遇，因此，危机的出现往往并不是失败的宣告，反倒是失去冷静、自乱阵脚的做法才是走上绝路的开始。美国著名的百货业巨子约翰·甘布士的故事就是对此最好的说明。

一开始的时候，约翰·甘布士还只是一家纺织厂的技师。有一年，甘布士所在的地方出现了经济大萧条，许多工厂和商店都纷纷倒闭。对于同样身在工厂的甘布士来说，这一危机也意味着失业风险的骤增。但甘布士并没有惶惶不可终日，而是做出了一个大胆的决定。

当时，那些倒闭的工厂和商店都被迫贱价抛售大量货物，为了使堆积如山的存货尽快出手，商品的价格甚至低到 1 美元就可以买到 100 双袜子！就在所有商家都急着抛售的时候，甘布士却花费所有的积蓄，把这些别人眼中的烫手山芋都收购起来。尽管妻子一再表示不解，甘布士依然不为所动。

很快，那些急不可耐的商家为了稳定物价，干脆采取了焚烧存货措施。眼看情况如此，甘布士的妻子不由抱怨起他来。然而甘布士表现得十分冷静，一副胸有成竹的模样。

不久之后，美国政府终于采取了紧急措施，稳定当地物价，并大力鼓励当地的厂商复兴。由于大量的存货已经在之前被焚毁，当地的物价迅速上涨。甘布士当即将所有货物抛售出去，一方面帮助政府稳定了物价，另一方面也大赚了一笔。事后，甘布士利用这次所得的钱，开了足足 5 家百货商店，一颗百货业的巨星就这样冉冉升起。

同样是面对经济萧条的惨淡光景，甘布士与其余厂商的态度和做法却截然相反。如此两相对比，管理者们想必更能体会到良好心态之于危机的重要性。

让我们试着咬文嚼字一些，仔细审视"危机"这一词语，就不得不佩服当初创造这一词语的人的博大智慧——他早就把"危"与"机"捆绑在了一起，看作事物的一体两面。事实上，通过巧妙的手段，化危难为机遇，也确实是许多经营有道的企业管理者们，最终能够化险为夷的制胜之途。

危机对于企业的有利一面，还不仅仅体现在外部机遇上。任何一个企业随着时间的推移，自身内部也会出现一些问题。这些问题往往起自细微，一旦爆发却会给企业带来致命的危害。通过危机，目光敏锐的管理者们也可以更好地审视自己的组织团队，从中捕捉问题，及早修补漏洞。这也是布伦尼曼法则给管理者的又一启示。

突破思维盲点，将危机化为良机

松下幸之助说："危机和良机本质上是一样的，只要你改变观念，重新评估，趁机下手，危机就会变成良机。"这句话充满了逆向思维辩证法，它告诉我们，要想使危机变为良机，就要懂得转换思维，突破思维盲点。

武汉一个小镇新开了两家餐馆，主打菜是鱼。为了吸引顾客，双方都打出"长江野生鱼"的广告，声称店内鲜鱼保证都是江上的渔船直接供货，为此，很多人都冲着野生鱼的招牌去的，生意异常火爆。

开始的确如此，但是伴随着两店经营规模的不断扩大，仅凭渔夫送的鲜鱼已经难以保证食客所需，再加上近年来水域的污染，野生鱼资源越来越少，鱼价自然也是水涨船高。

张家餐馆老板为了避免亏本，就将菜价抬了上去，以致顾客数量锐减，生意日益冷清。而王家鱼馆老板头脑灵活，他认为不能贸然抬价。抬了价，顾客数量一定减少，但也不能做赔本的买卖呀！怎么办呢？他便悄悄地以养殖鱼代替野生鱼，因为价格低，吸引了不少的食客。

一天，王家餐馆因为客满，几个食客只好转身到了张家的餐馆。几个人坐下来点了几条鲤鱼，正吃着，其中一个人突然大叫起来，张老板闻声出来一看，只见一位食客被鱼嘴内遗留的鱼钩钩住了嘴，鲜血淋淋。张老板赶紧与店伙计把受伤的食客送到医院治疗。一番忙碌下来，张家餐馆不但未收一分钱，反而倒赔了食客1000元医药费和损失费。

王家餐馆的人见张家餐馆生意一蹶不振暗自庆幸。间或在言谈中透出"看看他张家餐馆不行了，吃鱼还钩破了顾客的嘴，还有哪位不要命的食客也去送命"的幸灾乐祸。生意眼看做不下去了，张老板急得来回踱步，突然他脑袋里跳出一个怪想法。

第二天，张家餐馆门前贴出了用大红纸书写的醒目的"致歉声明"，声明中说：本餐馆所供鲜鱼由于是渔夫从江中垂钓所得，致使鱼钩留在鱼嘴并逃过服务人员的检查，最终造成了鱼钩误伤顾客的事情发生。同时，张家鱼馆还保证今后避免此类事情再次发生。

"致歉声明"贴出来没几天，情况发生逆转，食客大增，门店冷清变成了门庭若市。原来人们通过"致歉声明"明白了张家餐馆的鱼是纯野生的，要不鱼嘴中咋有鱼钩呢？养殖鱼自然不可能有鱼钩遗留在鱼嘴。再说，张老板敢于承认错误，说明张老板餐馆诚实守信，不糊弄人。至于鱼价调高的问题，钓的鱼嘛，肯定是要比养殖鱼的成本高。

有好事者，专门到王家餐馆再仔细品，结果发现味道就是与张家餐馆的鱼不一样，事情传出去，张家餐馆的生意又重新红火起来。

原本是件令人心烦的事，反倒成了体现诚信的好机会！假如张老板不用逆向思维去挽救事态，恐怕那件"祸事"就变成了致命伤，饭店可能要以关门收场！人的思维最怕僵化，一旦僵化并形成定式就会产生误区。做生意如果总是按着一种思维模式，只会让自己走入死胡同。而逆向思维的一个小小的转变却可以让人绝处逢生，由劣势变为优势。

生活中，当做错一件事或出现一次失误的时候，聪明者会想着如何去补救，而真正的智者则会通过转变思维，去发现其中潜藏的机会。任何一件事情都有其存在的价值和理由，逆用"补救"，可以让你收获不一样的惊喜。